Das war die Deutsche Reichsbahn

Deutsche Reichsbahn
04 0015-0
VES
M
HALLE (S)
RBD Halle
Halle P

Das war die Deutsche Reichsbahn

Alles Wichtige zur „Eisenbahn in Volkes Hand“

Klaus-Jürgen Vetter (Hrsg.)

DEUTSCHE · DR · REICHSBAHN

GeraMond

Impressum

Verantwortlich: Claudia Hohdorf
Satz: Azurmedia, Augsburg
Redaktion: Michael Dörflinger
Umschlaggestaltung: Ralph Hellberg unter Verwendung von Abbildungen von Rudolf Heym
Herstellung: Anna Katavic
Printed in Italy by Printer Trento

Seite 2: Die Entwicklung der VES M Halle ist wesentlich mit ihrem langjährigen Leiter Max Baumberg verbunden. Das Foto zeigt ihn in den frühen 70er-Jahren auf der Lok 04 0015 (vormals 19 015); links daneben Rudolf Rindelhardt, der später als Lokführer der 18 201 Bekanntheit erlangte
Rolf Greinke/Slg. Gert Schütze

★★★★★

Sind Sie mit diesem Titel zufrieden? Dann würden wir uns über Ihre Weiterempfehlung freuen. Erzählen Sie es im Freundeskreis, berichten Sie Ihrem Buchhändler, oder bewerten Sie das Werk bei Onlinekauf. Und wenn Sie Kritik, Korrekturen oder Aktualisierungen haben, freuen wir uns über Ihre Nachricht an den GeraMond Verlag, Postfach 40 02 09, 80702 München oder per E-Mail an lektorat@verlagshaus.de.

Unser komplettes Programm finden Sie unter

www.geramond.de

Die Deutsche Nationalbibliothek verzeichnet diese Publikation in der Deutschen Nationalbibliografie; detaillierte bibliografische Daten sind im Internet über http://dnb.d-nb.de abrufbar.

ISBN 78-3-95613-067-0

Inhalt

ZUGVERKEHR BEI DER REICHSBAHN 1949–1971

Mit Erbstücken und Neuentwicklungen

Am 7. Oktober 1949 wird die DDR gegründet. Im geplanten sozialistischen Modellstaat befördert die Reichsbahn Arbeiter, Ferienreisende, Güter. Und das mit einer faszinierenden Vielfalt an Fahrzeugen

Das Modernste an diesem Personenzug, der 1968 unweit von Mittelherwigsdorf im Dreiländereck DDR/Tschechoslowakei/Polen unterwegs ist, stellt die Dampflok an der Spitze dar. 52 6930 stammt von 1943. Hinter ihr laufen zweiachsige Einheitsabteilwagen aus den 20er-Jahren, das ist noch gang und gäbe im Reichsbahn-Zugverkehr in der Oberlausitz. Auch der Gegenzug besteht aus solchen Wagen. Das Bahnbetriebswagenwerk Löbau (Sachsen), zuständig für die hiesigen Wagenläufe, hatte bis zur Endzeit der DR stets die „Oldtimer" Alfred Luft

„Wir fahren für die Deutsch-Sowjetische Freundschaft“ steht auf der Rauchkammertür der 52 1714, die um 1952 in Hoyerswerda fotografiert wird. Bis zu diesem Jahr gehört die Maschine zur Lok-Kolonne 11, die Güter aus der DDR als Reparation für die Sowjetunion abtransportiert Slg. Gert Schütze

Im September 1964 warten Trabant-Autos auf DR-Transportwagen auf die Abfahrt. Die Pkw sind begehrt, aber teuer und mitunter erst nach langer Wartezeit zu bekommen. Auch deshalb bleibt die Deutsche Reichsbahn Zeit ihres Bestehens das wichtigste Reiseverkehrsmittel der DDR Alfred Schulz/Hist. Slg. der DB

Nach dem Ende der Schicht strömen die Werktätigen im Juli 1964 in den Bahnhof Leuna Nord, wo E 11 023 mit einem Nahverkehrszug bereit steht. Die Doppelstockwagen bieten großes Fassungsvermögen und wurden insbesondere für den Berufsverkehr beschafft Alfred Schulz/Historische Slg. der DB

Der Stolz der Reichsbahn ist ab 1963 der Dieseltriebzug VT 18.16, hier als „Vindobona" Berlin – Prag – Wien in Königstein im Elbsandsteingebirge unterwegs. Die DR warb für diesen Fernzug unter anderem damit, dass keine TEE-Zuschläge zu bezahlen seien – kleine Spitze gegen die Paradezüge im Westen Harald Navé/Slg. Alfred Luft

Im Berliner Vorortverkehr stellt die Reichsbahn für die Fahrgäste unter anderem Doppelstockwagen bereit. Für kurze Strecken sind die Fahrzeuge gut geeignet; die für längere Distanzen vorgesehenen Doppelstockvarianten verlangen dagegen einiges Durchhaltevermögen Alfred Schulz/Historische Slg. der DB

Fünf Wagen warten 1968 im Schmalspurteil des Bahnhofs Barth auf die Reisenden; mit dabei ist auch einer von zwei aus Frankreich stammenden, im Krieg hier verbliebenen Triebwagen. Die Zuglok 99 5611 fuhr einst bei den Salzwedeler Kleinbahnen Alfred Luft

In Halle (Saale) errichtet die Reichsbahn in den 60er-Jahren Neubaustrecken für den S-Bahn-Betrieb. Zum Start 1968 werden Leichtverbrennungstriebwagen (LVT) eingesetzt; ein Dreier-Gespann mit VT 2.09.046 hält gerade in Halle-Neustadt
Slg. Gert Schütze

Mit einer neuen Großdiesellok bekommen es die Reichsbahner ab 1966 zu tun. Die V 200 stammt aus sowjetischer Produktion und wird im Rahmen des Rates für Gegenseitige Wirtschaftshilfe (RGW) geliefert. Hier ein Blick in den Führerstand von V 200 015, Februar 1967
Slg. Dr. Brian Rampp

Im Sommer 1968 hat V 180 203, die eine besondere Frontgestaltung besitzt, mit einem langen Schnellzug den Berliner Ostbahnhof verlassen. Auf dem Wriezener Güterbahnhof rechts warten Kühlwagen auf die Zuführung in das nahe gelegene Reichsbahnausbesserungswerk Berlin Warschauer Straße. Im Hintergrund entsteht derweil das neue Wahrzeichen der „Hauptstadt der DDR": der Fernsehturm am Alexanderplatz
Alfred Luft

Die fast neuen Dampfloks

Offiziell durfte die Deutsche Reichsbahn keine neuen Dampfloks bauen, viele marode Exemplare brauchten aber eine Instandsetzung mit komplett neuen Teilen. Die Lösung: Die Arbeiten liefen unter dem Begriff Rekonstruktion

Die ohnehin schon gute Güterzuglok der Baureihe 50 wurde bei der Reichsbahn durch Umbauten noch weiter ertüchtigt. Die 1941 gebaute 50 769 erhielt nach der Anfang 1960 vom Raw Stendal vorgenommenen Rekonstruktion die neue Loknummer 50 3590. Im Herbst 1966 bekam die Maschine – wiederum in Stendal – eine Ölfeuerung und lief fortan als 50 5027; mit dieser Nummer bespannt sie knapp zwei Jahre später einen Güterzug nach Wittenberge, im Bild bei der Ausfahrt aus Glöwen
Harald Navé/Slg. A. Luft

Der Nachkriegs-Lokomotivbau in der sowjetischen Besatzungszone begann bei Borsig in Hennigsdorf, wo einige Dampfloks der Baureihe 44 sowie drei der Baureihe 42 fertig gestellt wurden. Für sie waren noch Teile vorrätig. Aufgrund der Reparationsforderungen mussten die Werke ansonsten schmalspurige Dampflokomotiven für die UdSSR bauen.

1951 konnte das Neubauprogramm für die DR wenigstens auf dem Papier in Angriff genommen werden. Ihr Park an betriebsfähigen Regelspurdampfloks war in Folge der Kriegsverluste und der sowjetischen Zugriffe zu klein, außerdem überaltert und in einem beklagenswerten Erhaltungszustand. Ein erstes Neubauprogramm sah vor:

- Schnellzuglok, Bauart 2'C1' h3 ohne Baureihenbezeichnung
- Universallok, Bauart 1'D h2, Baureihe 25
- Personenzuglok, Bauart 1'C1' h2, Baureihe 23.10
- Güterzuglok, Bauart 1'E1' h3 ohne Baureihenbezeichnung
- Personenzugtenderlok, Bauart 1'D2' h2t, Baureihe 65.10
- Nebenbahntenderlok, Bauart 1'D2' h2t, Baureihe 83.10
- verschiedene Schmalspurtypen für 750- und 1.000-Millimeter-Spurweite.

1954 präsentierte die Industrie mit der 25 001 und der 65 1001 die ersten Neubaulokomotiven. Den Versuchsfahrten bei der DR konnte wegen Kapazitätsproblemen im Lokomotivbau „Karl Marx" Babelsberg (LKM) nicht gleich die Serienfertigung folgen. Wesentlich schneller ging die Entwicklung bei neuen Schmalspurlokomotiven nach Vorkriegsmustern voran. Schon seit 1949 arbeitete die Reichsbahn auch an der Umstellung älterer Lokomotiven auf Kohlenstaubfeuerung.

Die Rekonstruktion beginnt

Viele Einheitsdampfloks vor allem der Kriegsbaujahre zeigten werkstoffbedingte Alterungsschäden. Der seinerzeit verwendete Stahl St 47 K war zu spröde und konnte nicht geschweißt werden. Die Dramatik der Situation wurde spätestens durch den Kesselzerknall der Dresdener 03 1046 am 1. Oktober 1958 offenbar. Der große Umbau von Lokomotiven wurde unumgänglich.

Im Reichsbahnausbesserungswerk (Raw) Stendal lief zunächst die Rekonstruktion der Baureihe 50 an. Die Loks der nunmehrigen Reihe 50.35 erhielten neue Kessel mit Verbrennungskammer, daneben wurden Fahrwerk und Rahmen überarbeitet. Der Schwermaschinenbau „Karl Liebknecht" in Magdeburg (SKL) und das Raw Halberstadt fertigten die Kessel an. Es entstanden die Loks ***50 3501–3708, Bauart 1'E h2 – Umbau 1957–62.***

Parallel dazu wurden in Stendal Dampfloks der Baureihe 52 generalrepariert und mit neuen Stehkesseln, Mischvorwärmern und den bei der Kriegslokfertigung weggelassenen Achsstellkeilen versehen. Die volle Rekonstruktion von 200 Kriegsloks der Baureihe 52 schloss sich an, ebenfalls mit dem bereits bei der 50.35 bewährten Kessel. Basis waren auch Fahrgestelle von 52ern aus sowjetischer Kriegsbeute, die zu Beginn der 60er-Jahre den Bündnispartnern überlassen worden waren – welche den dafür verlangten Kaufpreis allesamt ohne Begeisterung entrichteten. Hier fertigte man ***52 8001–8200, Bauart 1'E h2 – Umbau 1960–67.***

Mit einem etwas größeren Kessel „39 E" ertüchtigte das Raw Meiningen die für Personen- und Schnellzüge im Mittelgebirge unverzichtbare Baureihe 39. Sie litt schon seit ihrem ersten Betriebsjahr 1922 an einem ungünstig bemessenen trapezförmigen Rost, der den Heizern große Geschicklichkeit abverlangte und der unter den Bedingungen der Braunkohlefeuerung keine ausreichende Dampfproduktion mehr gewährleistete. Unter weitgehendem Umbau auch von Rahmen und Triebwerk mit Beigabe neuer Führerhäuser und mit entbehrlich gewordenen Einheitstendern entstand eine weitgehend neue Baureihe 22. Diese neue Mittelgebirgsschnellzuglok wurde von Fachwelt und Betrieb einhellig gelobt. Eine gewisse Tragik lag darin, dass ihr nur eine kurze Einsatzdauer vergönnt war. Gerade die hoch belasteten Strecken in Thüringen und Sachsen, für die sie bestimmt war, wurden mit Vorrang elektrifiziert. Schon 1972 wurde die letzte 22 abgestellt. Die Reichsbahn erhielt ***22 001–085, Bauart 1'D1' h3 – Umbau 1958–62.***

Ebenfalls in Meiningen und mit demselben „Jahrhundertkessel" wurde die ebenfalls dreizylindrige einstige Stromlinienlok der Baureihe 03.10 ertüchtigt

Bis Ende der 80er-Jahre blieben die 50.35 im DR-Plandienst
Ludwig Rotthowe, Harald Navé

Die Baureihe 58 – neu 58.30 – stieg mit der Rekonstruktion zur zweitstärksten DR-Güterzugdampflok auf. Im Juni 1968 bringt 58 3018 einen Güterzug von Leipzig nach Dresden
Slg. Alfred Luft

– und erstarkte damit zu einer der besten Schnellzugdampfloks in ganz Europa. Es gab ***03 1010 ... 1046 (16 Loks), Bauart 2'C1' h3 – Umbau 1958–59***.

Auch die 41 litt unter Kesseln aus nicht alterungsbeständigem Stahl. 80 Loks erhielten ab 1959 in den Raw Karl-Marx-Stadt und Zwickau den auch für die 22 und 03.10 vorgesehenen Kessel mit Verbrennungskammer. ***41 003 ... 357 (80 Loks), Bauart 1'D1' h2 – Umbau 1959–60***.

Von den technischen Prinzipien und von der Dimension des Umbaus vergleichbar mit dem Umbau von der 39 zur 22 war die Umgestaltung der in die Jahre gekommenen, ebenfalls dreizylindrigen preußischen G 12 bzw. Baureihe 58. Das Raw Zwickau machte aus ihr die Baureihe 58.30, die damit zur nach der Baureihe 44 zweitstärksten Güterzuglok der DR wurde. Kein Betrachter der gedrungenen Lok mit ihrem hoch liegenden Kessel und der steilen Front zwischen Pufferträger und Umlauf konnte erkennen, dass es sich hier im Kern um eine Länderbahnlok aus der Zeit des Ersten Weltkrieges handelte. Ganz neu war die in der alten Version nicht ganz befriedigende Steuerung des Innenzylinders. Es entstanden ***58 3001–3056, Bauart 1'E h3 – Umbau 1958–62***.

Einen gewissen Abschluss des Rekonstruktionsprogramms bildete ab 1961 die Erneuerung der Baureihe 01 in Meiningen (für die man die Rekonstruktion der 58 abbrach). Ab 01 519 erhielten alle Reko-01 eine Ölhauptfeuerung, andere wurden nachgerüstet. Auch 72 Exemplare der 50.35 erhielten die neue Feuerungsart. Die 01.5 war unbestritten eine der besten deutschen Schnellzugdampfloks, in ihrem Einsatz liegt aber zugleich eine gewisse Ironie. Diente sie doch im ersten und angestrengtesten Betriebsjahrzehnt fast nur dem Interzonen- und Transitverkehr mit der Bundesrepublik bzw. West-Berlin, war also dem Binnenverkehr der DDR entzogen. Bevorzugte Einsatzstrecken waren Berlin – Bebra und Berlin – Hamburg. Von der 01.5 fertigte man ***01 501–535, Bauart 2'C1' h2 – Umbau 1962–65***.

Technisch gehört ins Kapitel der Rekonstruktion auch die Schaffung von fünf Lokomotiven für die Zwecke der Versuchs- und Entwicklungsstelle für Maschinenwesen in Halle (Saale). Mit dem abgewandelten Kessel der Baureihe 22 entstanden Konstruktionen, die jedenfalls im Falle der 18 201 kaum mehr Verwandtschaft zu Ursprungsbauart zeigten. Dies waren ***18 201, Bauart 2'C1' h3 – 1961*** entstanden u.a. aus der Tenderlok 61 002 (2'C3'h3t), ***18 314, Bauart 2'C1' h4v – 1960 rekonstruiert***, ursprünglich badische IV h, ***19 015 und 022, Bauart 1'D1' h4v – 1964 rekonstruiert***, ursprünglich sächsische XX HV, ***23 001, Bauart 1'C1' h2 – 1961 rekonstruiert***, ursprünglich Einheitslok 1941.

Insgesamt wurden 599 Dampflokomotiven nach offizieller Lesart „rekonstruiert". Hinzu kamen Neubekesselungen bei den Reihen 03, 41 und 44. Bei der 03 wurden Kessel nachgenutzt, die durch Ausmusterung von 22ern entbehrlich geworden waren. Später als bei der DB rückte die Ölhauptfeuerung in den Vordergrund. Das schwere Bunker-Öl war ein billiges und reichlich vorhandenes Abfallprodukt der chemischen Industrie. Als erste Lok wurde 1959 die 44 195

Die Rekonstruktion der Baureihe 39 (preußische P 10) beseitigte konstruktive Mängel und verlieh der nunmehrigen Baureihe 22 ein erstaunliches Leistungspotenzial. Allerdings verloren die Lokomotiven mit der fortschreitenden Elektrifizierung rasch ihr Einsatzgebiet. Im Sommer 1968 kommen 22 045 und eine Schwestermaschine mit einem Interzonenzug durch Porstendorf (Strecke Camburg – Jena)
Alfred Luft

Fast ein kompletter Neubau war die rekonstruierte Schmalspurlok 99 4641, die ursprünglich 1912 entstand. Im Sommer 1968 fährt sie in Perleberg in der Prignitz
Alfred Luft

umgerüstet. Weitere 44er (und auch 50.35) folgten. Dieser Umbau wurde in der Regel bei fälligen Hauptuntersuchungen im Raw „Helmut Scholz" Meiningen durchgeführt. Auch einige 03.10 und 95 erhielten eine Ölhauptfeuerung.

Schmalspurloks in Rekonstruktion

Ein besonderes Kapitel wurde die „Rekonstruktion" von Schmalspurlokomotiven. Unter der politischen Vorgabe, dass der Neubau von Dampfloks ab 1960 nicht mehr in Betracht kam, baute das Raw Görlitz eine ganze Reihe in Wirklichkeit neuer Schmalspurloks. Konnten bei der neuen sächsischen IV K immerhin alte Radsätze und Triebwerksteile verwendet werden, so blieb bei anderen „Umbauten" buchstäblich nur die Nummer.

Technikgeschichtlich stellte die Rekonstruktion von Dampflokomotiven eine Meisterleistung dar, ingenieurwissenschaftlich wie handwerklich, volks- wie betriebswirtschaftlich. Die DDR hatte keine Produktionskapazitäten für Barrenrahmen und keine ausreichenden Kapazitäten für Achswellen und Radsterne. Und doch schafften es Industrie und Ausbesserungswerke mit der Rekonstruktion, ungeachtet dieser Mangelerscheinungen einen Kernbestand von Dampflokomotiven zu schaffen, der sich bestens bewährte und über ein Vierteljahrhundert in der Zugförderung unverzichtbar blieb.

Und nicht nur das: Wenn heute irgendwo zwischen Oberösterreich und den Niederlanden ein historischer Dampfzug die Gemüter erfreut, ist die Wahrscheinlichkeit groß, dass er mit einer Reko-Dampflok der Deutschen Reichsbahn bespannt ist.

Andreas Knipping

Mit der Rekonstruktion der 01 zur 01.5 entstand eine der besten deutschen Schnellzugloks. Im ersten Umbaujahr, 1962, steht Rekolok 01 502 im Bahnbetriebswerk Halle P
Müller/Slg. Gert Schütze

Die neue Feuerungsart

Sie sollten helfen, den in der DDR herrschenden Mangel an Steinkohle zu überbrücken. Doch der Umbau von Schnell- und Güterzugdampflokomotiven auf Kohlenstaubfeuerung wurde nicht mehr als ein Intermezzo für die Reichsbahn

Mit der deutschen Teilung nach 1945 hatte die Reichsbahn in der sowjetischen Besatzungszone bzw. DDR ein Versorgungsproblem bekommen. Die innerdeutsche Grenze schnitt sie von den Steinkohlevorkommen im Westen ab. Im eigenen Einzugsbereich gab es zwar reichlich Braunkohle, doch ist diese als Brennstoff weniger leistungsfähig. Neue Ideen waren gefragt, wollte man die Effizienz der Dampflokomotiven erhöhen.

Eine Lösung bot die Kohlenstaubfeuerung. Die in winzige Partikel zermahlene Kohle hat eine größere Oberfläche und ermöglicht eine schnellere Verbrennung; der Wirkungsgrad steigt, da die Kohle auch besser ausbrennt. Um das System auf Dampfloks zu übertragen, braucht es einige Vorleistungen, etwa eine Versorgungsstruktur für Kohlenstaub, die Verwendung druckdicht umgebauter Tender und die Ausrüstung der Loks mit speziellen Brennern.

Die Kohlenstaubfeuerung erbrachte zwar mehr Leistung, erforderte aber auch eine aufwendigere, weil eigenständige Versorgung. Lok 17 1042 erhält neuen Brennstoff aus einem Kohlestaubbehälterwagen
Historische Slg. der DB

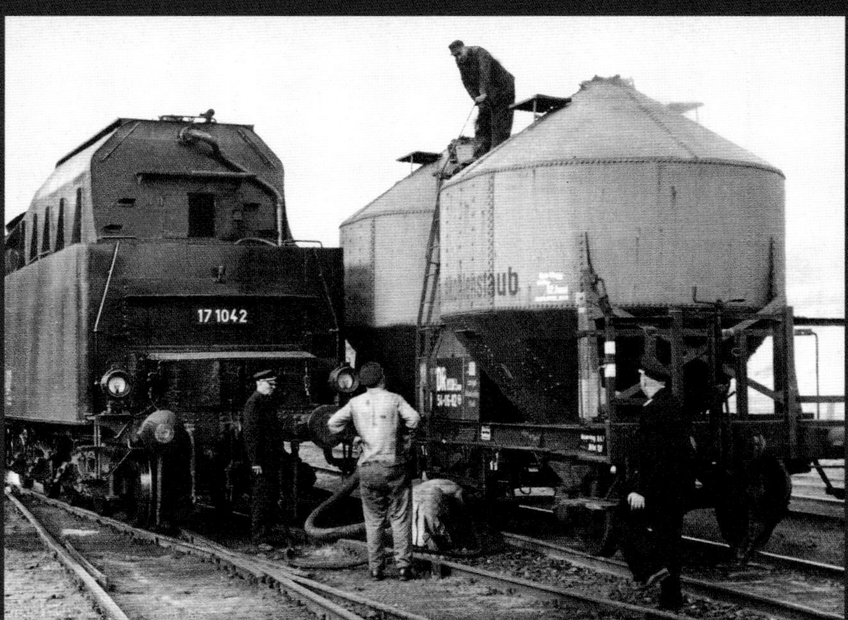

Erprobung und Betrieb

Von 1949 an arbeitete die Reichsbahn an der Umstellung älterer Lokomotiven auf Kohlenstaubfeuerung. Hans Wendler führte das System mit der entscheidenden Innovation zum Erfolg: Der Staub wurde nicht mehr mechanisch vom Tender in der Feuerbüchse gefördert, sondern durch den Saugzug der Maschine unmittelbar in die hermetisch abgedichtete Feuerbüchse gezogen. Am 30. April 1949 wurde die Baumusterlok 17 1119 präsentiert, am 31. August 1949 waren die Versuchslok 58 1208 und die 58 456 fertig gestellt. In der Folge wurden Loks der Reihen 17, 44, 52 und 58 sowie einige Einzelstücke umgebaut. Auch die Neubaulok 65 1004 hatte kurzzeitig eine Kohlenstaubfeuerung.

Seine Grenzen fand das neue Betriebssystem einerseits mit Engpässen bei der Produktion des geforderten hochfeinen Kohlenstaubes, andererseits mit kaum beherrschbaren Verschmutzungsproblemen zu Lasten von Eisenbahnern, Anwohnern, Reisenden und Fahrzeugen. Eine staubgefeuerte Lok hatte ja keinen Aschkasten; alle unverbrannten Rückstände gingen durch den Schornstein ab.

Nach rund zehn Jahren des Entwickelns, Erprobens und Behebens von Mängeln beschloss die Reichsbahn Ende der 50er-Jahre, keine Dampflokomotiven mehr auf Kohlenstaubfeuerung umzubauen. Dem geringeren Brennstoffverbrauch standen höhere Unterhaltungskosten im Vergleich zu normal befeuerten Lokomotiven gegenüber. Die anfängliche Euphorie, mit dieser Technik die zukunftsweisende Lösung des Energieproblems gefunden zu haben, wich im Betriebsalltag rasch Ernüchterung. Es gab die erwähnten Engpässe und Hindernisse im Betrieb, dazu kaum betriebsfähige Lokomotiven und in Vergessenheit geratene oder geflissentlich verdrängte Probleme, wie die ungeeigneten kupfernen Feuerbüchsen der alten preußischen Lokomotiven. All das ließ die Reichsbahn bald Abstand nehmen von groß angelegten Umbauprogrammen.

Gut für Güterzugloks

Im Einsatz lieferte die Kohlenstaubfeuerung unterschiedliche Resultate. Die umgebauten Schnellzugloks der Baureihe 17.10-12 sowie die Einzelgänger 03 1087, 07 1001, 08 1001 und 36 457 bewährten sich im Betrieb nie wirklich; die letzten Maschinen wurden bis Anfang 1961 abgestellt und ausgemustert. Zufriedener war man mit den umgebauten Güterzugmaschinen der Baureihen 44, 52 und 58 (zumeist pr. G 12), wobei ein Teil der umgebauten G 12 wieder in die Ursprungsausführung zurückgebaut werden musste.

Ende der 50er-/Anfang der 60er-Jahre hatte sich der Einsatz der Kohlenstaub-Güterzugloks weitgehend stabilisiert, rund 90 Maschinen standen zur Verfügung. Einsatz-Bahnbetriebswerke waren für die Baureihe 44 vornehmlich Arnstadt, für die Baureihe 52 Senftenberg und für die Baureihe 58 Arnstadt, Halle G und Dresden-Friedrichstadt. Alle drei Baureihen liefen in anspruchsvollen Diensten; die 44er bespannten zum Beispiel schwere Güterzüge im Thüringer Bergland, 44er und 58er waren auch im Schiebedienst zu finden. Positiv machte sich die Regulierbarkeit der Brennstoffzufuhr bei der Fahrt durch den Oberhofer Tunnel in Thüringen bemerkbar, wo der Heizer punktgenau „zumachen" konnte und so das Personal von der Rauchbelastung verschont blieb. Der Einsatz auf den Maschinen war bei den Personalen beliebt, auch wenn Geschick und Erfahrung zur Bedienung der Kohlenstaubfeuerung unabdingbar notwendig waren.

Ein Sorgenkind blieb die Kohlenstaubversorgung. Zum einen wegen des Mangels an Staubmengen, zum anderen wegen fehlender Bunkeranlagen in den Bahnbetriebswerken (Bw). Mitte 1959 gab es nur in Halle-G, Dresden-Friedrichstadt und Senftenberg Bunkerstationen. Der Bau der Arnstädter Anlage zog sich von 1958 bis 1961 hin, in den Bw Cottbus, Leipzig-Wahren und Meiningen wurden, wie auch vormals in Berlin-Ostbahnhof, Behelfsbunkerstationen aus umgebauten Großkesselwagen verwendet. Weitere Investitionsmittel für Bunkeranlagen waren nicht zu erhalten.

Ein wiederkehrendes Problem bestand zudem im Nachbunkern in den Wendebahnhöfen. Anfänglich hatte man dafür noch Kohlenstaubbehälterwagen hinterstellt. Sie fanden sich zum Beispiel im Bw Berlin-Schöneweide, in Frankfurt/Oder und in Falkenberg. Erst Ende der 60er-Jahre entfielen sie. Teilweise führten die Loks auch Kohlestaubbehälterwagen zum Nachbunkern mit, so geschehen bei den Kohlenstaub-44ern (Baureihe 44.9) auf der Saalebahn Großheringen – Saalfeld. Alles in allem schränkten die Versorgungskapazitäten den Einsatzradius immer wieder ein.

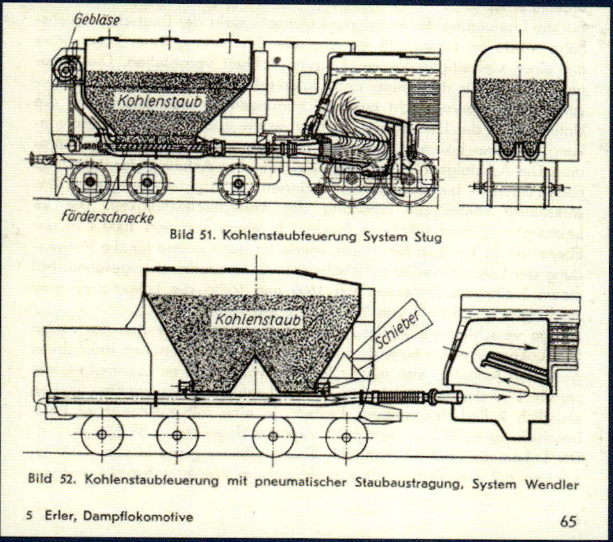

Das von Hans Wendler entwickelte, mit Druckluft arbeitende System machte die Kohlenstaubfeuerung in großem Stil einsatztauglich. Skizze aus einem Reichsbahn-Fachbuch (o.)
Slg. Martin Weltner (2)

Struktureller Wandel

In den 60er-Jahren machten sich zunehmend strukturelle Veränderungen bemerkbar. Die Dienste der Arnstädter Kohlenstaubloks auf der Saalebahn wurden mit der Zuschaltung der Fahrleitung auf der Strecke Weißenfels – Neudietendorf am 28. September 1967 eingestellt. Fast unbemerkt schieden die ersten kohlenstaubgefeuerten Maschinen der Baureihe 44.9 von 1968 bis 1970 aus dem Dienst. Ganz verzichten konnte die Reichsbahn auf sie nicht; die sowjetischen Großdieselloks (V 200, spätere Baureihe 120) zeigten Mängel und waren noch kein Ersatz. So behielt man vorerst die verbliebenen 44.9 im aktiven Dienst. Auch die Kohlenstaubloks der Baureihe 52.9 kamen weiter zum Einsatz; die kohlenstaubgefeuerten 58er dagegen mussten bis 1968 weichen.

Als in den frühen 70er-Jahren vermehrt Großdieselloks aus sowjetischer Produktion angeliefert wurden, ereilte die Baureihen 44.9 und 52.9 nach und nach das Dienstende. Bis Dezember 1974 verschwanden die 44.9, bis September 1979 die 52.9 aus dem Betriebsbestand. Letzte Vertreterin war die Senftenberger 52 9195-0, die am 27. Juni 1979 den letzten Dienst fuhr. Einzig eine Kohlenstaubmaschine der Baureihe 52.9 blieb erhalten. Es ist die ehemalige 52 9900-3, die von einem Kollektiv der Freizeitgruppe des Bahnsozialwerks im ehemaligen Bw Halle P unterhalten wird.

Dirk Winkler/Andreas Knipping/GM

Test und Messung

Die legendäre Versuchs- und Entwicklungsstelle der Maschinenwirtschaft Halle wirkte als maßgebliche Untersuchungsinstanz für Triebfahrzeuge an den neuen Fahrzeugentwicklungen der Deutschen Reichsbahn mit

Die VES Halle, wie manche kurz für Versuchs- und Entwicklungsstelle der Maschinenwirtschaft sagen, also die VES M in Halle war die unter Eisenbahnliebhabern bekannteste Einrichtung dieser Art bei der Deutschen Reichsbahn. Die Einrichtung ging 1949 aus der „Lok-Versuchsstelle" hervor, zu deren Aufgaben im Ministerrat beschlossen worden war: „sowohl die im Betrieb der Reichsbahn befindlichen Triebfahrzeuge hinsichtlich ihrer betrieblichen Eigenschaften und Leistungscharakteristik zu erproben als auch die Eignung von Neukonstruktionen für den Reichsbahnbetrieb und deren Charakteristik zu ermitteln." Man knüpfte an den bewährten Brauch an, sich nicht auf den Hersteller der Triebfahrzeuge zu verlassen, sondern die „Bahnfestigkeit" selbst festzustellen.

1952 wurde die Lok-Versuchsstelle in „Fahrzeugversuchsanstalt" (FVA) umbenannt. 1960 war bei der Reichsbahn die Umorganisation des gesamten Versuchswesens abgeschlossen, die Versuchsanstalten und damit auch die VES M Halle wurden dem Ministerium für Verkehrswesen unterstellt. Zur „neuen" Versuchs- und Entwicklungsstelle für die Maschinenwirtschaft der Deutschen Reichsbahn" gehörten noch die Außenstellen für Motorfahrzeuge in Dessau und die der elektrischen Zugförderung in Halle, die bereits seit 1956 bestanden. Das Technische Zentralamt (TZA) in Berlin, das es bis dahin noch gab, wurde aufgelöst.

Außer bei den Versuchsfahrten konnte man die Hallenser Loks hin und wieder im „normalen" Zugverkehr sehen. Am 27. Juni 1968 hat sich 19 022 des P 879 Saalfeld – Halle angenommen (Bild bei Uhlstädt)
Harald Navé/Slg. A. Luft

Im Juni 1968 präsentiert sich der Star der VES M Halle auf der Drehscheibe im Bahnbetriebswerk Halle P: Die 18 201 entstand aus Teilen verschiedener anderer Lokomotiven, unter anderem der Tenderlok 61 002, und erreichte 182 km/h. Zugelassen war sie für 160 km/h Slg. Alfred Luft

Standortvorteile und Aufgabengebiete

Der Standort der VES M war mit Halle (Saale) ideal gewählt. Er lag zentral, so dass leicht Versuchsfahrten bewerkstelligt werden konnten, es gab in der Nähe mehrere Ausbesserungs- und Bahnbetriebswerke, welche die Versuchsfahrzeuge betreuen konnten, und das Personal fand Wohnungen, was beispielsweise im geteilten und kriegszerstörten Berlin problematisch gewesen wäre. 1956 hatte die Fahrzeugversuchsanstalt in der Volkmannstraße ein Gebäude bezogen, auf dem Gelände des Bahnbetriebswerkes Halle P, das auch die Lokomotiven der Versuchs- und Entwicklungsstelle behandelte. Der Bau bestand aus dem Bürotrakt, der Werkstatt- und Fahrzeughalle. Vor der Halle konnte man bei Vorbeifahrten manches seltene Fahrzeug sehen.

Die VES M erhielt von der Hauptverwaltung Maschinenwirtschaft im Ministerium für Verkehrswesen Forschungsaufträge, die abgerechnet wurden. Zumindest theoretisch waren wirtschaftliche Ergebnisse nachzuweisen. Entsprechend der vorherrschenden Traktion beschäftigte sich die FVA bzw. VES M zunächst mit der Verbesserung der Dampflokomotiven und ihrer Feuerung, weil die Steinkohlen aus dem Ruhrgebiet nicht und die aus Schlesien nur beschränkt zur Verfügung standen. Großen Raum nahmen daher die Versuche mit der Braunkohlenfeuerung bzw. dem Mischungsverhältnis von Braun- und Steinkohlen ein.

Zu prüfen und zu bewerten waren auch viele kleine Umbauten bis hin zu den Kohlenstaublokomotiven der Bauart Wendler, und die VES M wirkte bei den Forderungsprogrammen mit, als Neubaufahrzeuge bestellt werden sollten. Weil dieses Beschaffungsprogramm nicht ausreichte, die überalterten Lokomotivbestände zu überwinden, wurden Dampflokomotiven rekonstruiert und auch auf Ölfeuerung umgestellt. Das, die Geräuschminderung der Ölbrenner sowie die messtechnischen Untersuchungen des Giesl-Ejektors und der Neubaulokomotiven der Baureihen 65.10, 83.10 und 23.10, 50.40 waren ein reiches Betätigungsfeld der Ingenieure und Praktiker in Halle.

Nach den Dampflokomotiven und Versuchen mit der Feuerungstechnik begann 1960 die Erprobung von Diesellokomotiven der Baureihen V 15, V 100, V 180 und von 1961 an von Loks der elektri-

Versuchsstellen der DR

Neben der VES M Halle gab es eine Reihe weiterer Versuchs- und Entwicklungsstellen. Im Jahr 1960 bildete die Deutsche Reichsbahn für jeden ihrer Hauptdienstzweige eine Versuchs- und Entwicklungsstelle (VES). Außer der Dienststelle in Halle gab es nun:

- die VES Betriebs- und Verkehrsdienst (Sitz: Eilenburger Bahnhof in Leipzig)
- die VES Wagenwirtschaft (Sitz: Reichsbahnausbesserungswerk Delitzsch)
- die VES Bahnanlagen (Sitz: Magdeburg)
- die VES Signal- und Sicherungswesen (Sitz: Berlin, Markgrafendamm)
- die VES Ausbesserungswesen (Sitz: Reichsbahnausbesserungswerk „Einheit" Leipzig-Engelsdorf)

Der Lokomotivbestand der VES M umfasste einige besondere Maschinen; zu ihnen zählte auch die Einheitslok 23 001 der Vorkriegs-Reichsbahn
Alfred Luft

Loks mit Teilverkleidungen wurden zu einer Art Markenzeichen der VES M Halle; die 18 314, eine badische IV h, wirkte damit noch schnittiger
Müller/Slg. Gert Schütze

schen Traktion, zum Beispiel der Baureihen E 11, E 42 und E 251.

Auch übergreifende Themen wurden behandelt, zum Beispiel 1962 die „Klassifizierung der Zugförderungsaufgaben als Grundlage eines Typenprogramms für Triebfahrzeuge“, 1963 die „Verteilung der Traktionsarten im Netz der DR und die Etappen der Traktionsumstellung“ sowie 1966 die „Abgrenzung des Einsatzbereichs für Triebwagen“.

Als sowjetische Groß-Diesellokomotiven importiert wurden, kam es beim Einsatz der Baureihe V 200 („Taigatrommel“) sogleich zu Beschwerden der Anwohner über den Lärm, den diese Lokomotiven verbreiteten. Die Deutsche Reichsbahn musste einen Schalldämpfer entwickeln – wiederum eine Aufgabe für die VES M. Das Produkt wurde auf der Strecke Halle – Eilenburg erprobt.

In Dessau erhielt die Versuchsstelle 1962 ein elektrisches Prüffeld, mit dem sich elektrische Triebfahrzeuge und deren Bauteile testen ließen. In die Oberleitung des 1.300 Meter langen Probegleises konnten drei Stromsysteme eingespeist werden: Einphasenwechselspannung 15 kV/16 2/3 Hz und 25 kV/50 Hz sowie Gleichspannung 1,5 kV.

Spektakuläres und Normales

Der Außenstehende bekam die Erprobungen bei den Mess- und Versuchsfahrten mit. Die Triebfahrzeuge waren zuerst mit einem Ring am Schornstein, später mit der ovalen Plakette beiderseits des Führerstandes gekennzeichnet. Vor allem die spektakulären Einzelgänger der VES M zogen die Blicke auf sich. Beachtet und fotografiert wurden die auch als Bremslokomotiven benutzte 18 201 – ein Neu-/Umbau, für den man unter anderem Teile der Stromlinientenderlok 61 002 verwendet hatte –, 18 314 – eine umgebaute badische IV h –, 19 015 und 19 022 – zwei sächsische XX HV, die nun im Versuchswesen Verwendung fanden – sowie 79 001 – eine französische Maschine. Jede dieser Loks war etwas Besonderes, wobei die 18 201 vielleicht noch etwas herausragte. Um D-Zug-Wagen auch in hohen Geschwindigkeiten zu erproben, hatte man diese hochgezüchtete Schnellzugdampflok geschaffen, die regulär 160 km/h fahren durfte! Damit sorgte die Lok im In- und Ausland immer wieder für Aufsehen.

Die Tätigkeit der VES-M-Eisenbahner spielte sich dagegen vielfach im Verborgenen ab, wenn beispielsweise Neuerungen der stationären Anlagen zu beurteilen oder theoretische Erkenntnisse zu diskutieren waren. Besonders „in der Zeit nach Ulbricht“, also ab 1971, nahmen Projekte der elektronischen Datenverarbeitung, der Gestaltung von Arbeitsplätzen im Bahnbetriebswerk und in den Führerräumen oder der Arbeitsabläufe in der Diesellokunterhaltung zu.

Für Außenstehende wenig spektakulär, aber umso umfangreicher waren Dokumentationen, welche die VES M erarbeitete. Sie legten etwa dar, wie beim Traktionswandel von Dampf auf Diesel die baulichen und technischen Anlagen zu verändern seien, wie und ob kleinere Bahnbetriebswerke zu großen zusammengefasst werden sollten. Letztlich wirkte die Versuchsstelle wesentlich an den Dienstvorschriften des Hauptdienstzweiges der Maschinenwirtschaft mit.

Versuchsfahrt mit der Reko-Lok 01 517 in den 60er-Jahren; als Bremsloks fungieren 19 015 (eine sächsische XX HV) und 78 425 (eine preuß. T 18)
Slg. Gert Schütze

Mit der Versuchsanstalt zumindest von 1952 bis 1971 verbunden ist der Name des Leiters Max Baumberg (1906–1978). Er hatte ein Faible für die 18 201 und die 18 314, die dank seiner Initiative in der Nachkriegszeit im Tausch gegen 18 434 aus den Westzonen geholt wurde. Aber nicht nur bei der Dampftraktion im Betriebsmaschinendienst erwarb sich Baumberg Ansehen. Ihm ist die Liste der zu erhaltenden Dampflokomotiven zu verdanken, die vom Minister für Verkehrswesen abgesegnet und später immer wieder geändert wurde. Im Prinzip war damit die Basis für die museale Erhaltung eines wesentlichen technikgeschichtlichen Kapitels geschaffen.

Die VES M nach 1971

Änderungen in der Organisation einschließlich Namenswechsel gehörten im DDR-Verkehrswesen zu jenen Maßnahmen, von denen man glaubte, damit Schwierigkeiten zu überwinden. 1971 traf es die Versuchs- und Entwicklungsstelle für die Maschinenwirtschaft, die mit der Versuchs- und Entwicklungsstelle für die Wagenwirtschaft als Sektion 4 (Fahrzeuge und Werkstätten) in das Institut für Eisenbahnwesen eingegliedert wurde. Das war keine Einrichtung der Deutschen Reichsbahn mehr, sondern des „zentral geleiteten Verkehrswesens". Bei Fachleuten und Eisenbahnfreunden hielt sich aber der Begriff „VES M". 1990 wurde aus ihr nach dem Muster der Deutschen Bundesbahn eine Zentralstelle.

Erich Preuss/GM

Im September 1963 besucht eine polnische Delegation die Versuchsstelle. Ihr Interesse gilt unter anderem dem nagelneuen Schnelltriebwagen VT 18.16, der gerade in Halle steht
Slg. Dr. Brian Rampp

Von Beginn an fuhren die Neubauloks auf der Strecke Cranzahl – Oberwiesenthal. Im Bild 99 789 bei Kretscham-Rothensehma, 1968
Harald Navé/Slg. Alfred Luft

DIE NEUBAU-SCHMALSPURLOKS

Die kleinen Neuen

Zu Beginn der 1950er-Jahre stiegen bei den Schmalspurbahnen der Deutschen Reichsbahn die Leistungen im Reise- und Güterverkehr noch an. Zwei Baureihen mit insgesamt 41 Maschinen entstanden

Genau genommen war der Engpass eine Folge des Krieges und der Maßnahmen der sowjetischen Besatzungsmacht. Hatte diese doch 1945/46 allein von den 750-Millimeter-Strecken der Reichsbahndirektion (Rbd) Dresden) 30 Loks als Reparationsleistung beschlagnahmt und abtransportiert. Der vorhandene Dampflokpark reichte nicht mehr aus; der einzige Ausweg bestand in der Beschaffung von Neubaulokomotiven.

Die Reihe 99.77-79

Deshalb forderte das Technische Zentralamt der Deutschen Reichsbahn im Jahre 1951 den Nachbau der bereits von 1928 bis 1933 hergestellten 1'E1'h2t-Einheitsloks der Baureihe 99.73-76, die sich auf einigen sächsischen Strecken bewährt hatten. Nur mit Mühe gelang es der Deutschen Reichsbahn, den Bau der dringend benötigten Fünfkuppler durchzusetzen; der VEB Lokomotivbau „Karl Marx" Potsdam-Babelsberg (LKM) war teilweise noch durch die Produktion von Schienenfahrzeugen für die UdSSR ausgelastet.

Anfang August 1952 stellte LKM die erste Lokomotive fertig. Sie gelangte mit der Betriebsnummer 99 771 zum Lokbahnhof Hainsberg und planmäßig auf der Strecke nach Kurort Kipsdorf zum Einsatz. Noch im selben Jahr folgten drei weitere Maschinen dieser Bau-

art. LKM fertigte schließlich 1953 zehn, 1954 zwei und 1956 nochmals acht derartige Lokomotiven, die nicht nur in Hainsberg, sondern auch im Lokbahnhof Kurort Oberwiesenthal für die Strecke nach Cranzahl und im Bahnbetriebswerk (Bw) Thum für das dortige Schmalspurnetz stationiert wurden. Zwei Lokomotiven, die 99 786 (1954) und 99 794 (1956), erhielt das Bw Meiningen für die 1949 von der DR übernommene Trusebahn. Zusätzlich gab die Rbd Dresden 1959 die 99 772 nach Thüringen ab. Mit den insgesamt 24 Neubaudampflokomotiven konnte die Deutsche Reichsbahn den Zugverkehr insbesondere auf einigen Strecken der Rbd Dresden stabilisieren. Übrigens verließen den LKM 1953 noch zwei weitere Maschinen dieser Bauart, die direkt an das Mansfeldkombinat für die dortige Bergwerksbahn geliefert wurden.

Nach anfänglichen Kinderkrankheiten, die LKM noch im Rahmen der Garantieleistungen beseitigte, bewährten sich die Fünfkuppler. Allerdings musste der Einsatz zunächst auf die genannten Strecken begrenzt bleiben, weil auf zahlreichen sächsischen Linien für diese Maschinen zu kleine Krümmungshalbmesser, Probleme mit der Radsatzfahrmasse bestanden oder – wie im Fall Radebeul Ost – Radeburg – noch ältere Lokomotiven den Anforderungen genügten.

Erst im Jahre 1969 ergab sich durch die zwei Jahre zuvor begonnene Stilllegung des Thumer Netzes und die Schließung der Strecke Wernshausen – Trusetal die Möglichkeit, freigewordene Neubaulokomotiven umzusetzen, insbesondere auf die Strecke Radebeul Ost – Radeburg.

Bis auf drei Lokomotiven existieren die Lokomotiven neu heute in Deutschland, wenngleich nicht mehr alle betriebsfähig sind. Einige Maschinen wurden noch von der Deutschen Reichsbahn zu Beginn der 90er-Jahre völlig neu aufgebaut.

Wichtige Entlastung für die 750-Millimeter-Strecken kam durch die Neubauloks der Reihe 99.77-79. 99 1760 rangiert auf Rollwagen verladene Güterwagen in Thum
Ralph Lüderitz

Auf Basis von Vorkriegs-Einheitsloks baute LKM Babelsberg 1955/56 die Baureihe 99.23-24. Das bevorzugte Einsatzgebiet der kräftigen Meterspur-Tenderloks wurde der Harz; im Bild 99 243 mit einem Personenzug in Eisfelder Talmühle
Alfred Luft

Die Reihe 99.23-24

Auf den 1949 von der Deutschen Reichsbahn übernommenen Meterspurstrecken der früheren Nordhausen-Wernigeroder Eisenbahn (NWE) waren die Lokomotiven zum größten Teil verbraucht und ab 1950 mit den stark steigenden Zugförderungsleistungen überfordert. Der vorhandene Triebfahrzeugpark reichte von einfachen Zweikupplern aus dem Jahre 1896 bis zu Mallet-Lokomotiven der Bauarten B'Bn4vt und (1'B) B1'h4vt mit mehreren Einzelgängern. Hinzu kam, dass einige Maschinen zum Lokbahnhof Gernrode abgegeben werden mussten, um die 1946 überwiegend demontierten und bis 1949/50 teilweise wieder aufgebauten Strecken der Selketalbahn bedienen zu können. Schließlich vereinbarte die Deutsche Reichsbahn mit dem LKM den Bau von 17 1'E1'h2t-Lokomotiven der Reihe 99.23-24 ab 1954. Pate für diese Konstruktion standen drei bauartgleiche Einheitsloks, die 1931 für die thüringische Schmalspurbahn Eisfeld – Unterneubrunn (später Schönbrunn) gefertigt worden waren. Damit handelte es sich auch in diesem Fall um Nachbauten, die jedoch wie bei der Reihe 99.77-79 als Schweißkonstruktion und mit Blechrahmen gefertigt wurden.

Die Lieferung der mit den Betriebsnummern 99 231 bis 99 247 gekennzeichneten Fünfkuppler folgte 1955/56. Da zwischenzeitlich auch die Rbd Erfurt für die Strecke Eisfeld – Schönbrunn und die Rbd Dresden für ihre Meterspurstrecke Gera-Pforten – Wuitz-Mumsdorf Bedarf an Neubauloks angemeldet hatten, gelangten 99 231 und 99 235–237 gleich nach Eisfeld, während 99 232 und 99 233 im Jahr 1956 in Gera-Pforten getestet wurden. Die beiden Fünfkuppler erwiesen sich dort aber als ungeeignet. Sie wurden deshalb ebenfalls in Wernigerode stationiert.

Im Januar 1955 traf die erste Neubaulok im Harz ein. Es brauchte einige Überarbeitungen, bis die Loks ihre Kinderkrankheiten überwunden hatten. Da die anderen Einsatzgebiete stillgelegt wurden, konzentrierten sich die 99.23-24 schließlich im Harz. Dort kommen die meisten der Loks heute noch zum Einsatz, inzwischen als Eigentum der Harzer Schmalspurbahnen GmbH.

Wolf-Dietger Machel

Zweistöckiges aus Görlitz

Um mehr Reisende befördern zu können, beschaffte die Deutsche Reichsbahn von 1952 an Doppelstockwagen. Den anfänglichen Zweiteilern folgten bald vierteilige und fünfteilige Einheiten

Wagenmangel und die nach der Demontage eingleisigen Strecken stellten die Reichsbahn im Personenverkehr immer wieder vor Probleme. Es gab Engpässe, insbesondere bei den Zügen des Berufsverkehrs. Die Lösung sollten Doppelstockwagen sein, die nach den Erfahrungen der Vorkriegszeit im VEB Waggonbau Görlitz von 1952 an gefertigt wurden. Doppelstockwagenzüge konnten mehr Reisende befördern, ohne dass man Bahnsteige und Abstellgleise verlängern musste. Eine zweiteilige Einheit (bei der DR Gattung DB13 ümp) bot zum Beispiel 228 Sitz- und 210 Stehplätze.

Die verschiedenen Bauarten

Von 1952 bis 1957 fertigte der VEB Waggonbau 81 Exemplare dieser zweiteiligen Einheiten. Sie waren für traktionstechnisch schwierige Strecken gedacht wie Dresden – Altenberg oder Erfurt – Ilmenau – Rennsteig – Themar. Außerdem entstanden ab den frühen 50er-Jahren bis 1970 insgesamt 152 vierteilige Doppelstock-Einheiten, die über 448 Sitz- und 447 Stehplätze verfügten. Die Wagen waren als Ganzstahl-Leichtbaukonstruktion gefertigt und die Mittelwagen (bei den Zweiteilern die Wagenmitten) auf Jacobs-Drehgestellen gelagert. Die Sitzaufteilung hatte die Anordnung 3 + 2 im Obergeschoss, im Untergeschoss wurden Längssitze mit Holzlatten montiert.

Die Doppelstockeinheiten bestimmten neben den zwei- und dreiachsigen so genannten Reko-Wagen den Berufsverkehr, unter anderem auf den Strecken von Halle Hbf bzw. Halle-Neustadt nach Großkorbetha – Weißenfels und nach Naumburg, von Rostock nach Warnemünde und von Dresden nach Schöna. Nach dem Mauerbau 1961 kamen auch Teile des Berliner Außenrings hinzu. Für relativ kurze Strecken nahm man die enge Sitzaufteilung, die kleinen Gepäckablagen und nur zwei Toiletten an den Fahrzeugenden hin. Wenn allerdings diese Wagen bei Verkehrsspitzen wie zu Weihnachten als Eil- und Schnellzüge fuhren, wurde der geringe Reisekomfort offensichtlich.

Gliederzüge und Wendezüge

Die Idee, allgemein im Fernverkehr Doppelstockfahrzeuge einzusetzen und somit mehr Platzkapazität anzubieten, führte zu dem bis 1957 entwickelten Doppelstock-Gliederzug (Gattung DBG). Bei diesem hatte man die Mittelwagen als Kästen zwischen klei-

Der Minister für Leichtmaschinenbau, Wildermuth, übergibt am 20. April 1957 in Berlin Ostbahnhof einen Doppelstockgliederzug an Verkehrsminister Erwin Kramer. Das neue Fahrzeug sollte sich nicht bewähren
Stier/Historische Slg. Der DB

Zwei vierteilige Einheiten bilden im Juni 1968 den vor allem für Urlauber eingerichteten P 912 Leipzig – Katzhütte; er hat damit Sitzplätze für knapp 900 Reisende! Dampflok 93 622 beschleunigt die Garnitur aus Köditzberg in Thüringen heraus
Alfred Luft

ne, zweiachsige Zwischenwagen eingehängt. Allerdings reichten bei überbesetzten Zügen die Bremskräfte nicht aus. Auch konnten die vier Generatoren in den Enddrehgestellen nicht genug Strom erzeugen, so dass für den Schnellzugverkehr von 1958 bis 1960 vierachsige Maschinenwagen gebaut wurden, die von Wagenmeistern besetzt waren und in der oberen Etage als Buffetwagen genutzt wurden. Die Doppelstock-Gliederzüge wurden nur als Massentransportmittel angesehen und sollten als Schnellzug maximal 300 Kilometer Laufweite haben, was die Reichsbahndirektionen durch Aneinanderreihung mehrerer Zugnummern umgingen.

Den 33 ersten Einheiten folgten 1970/71 noch einmal 31 Gliederzüge mit technischen Verbesserungen. Für den Schnellzugdienst waren sie selbst den zuständigen Fahrplantechnologen suspekt. So blieben nur der Ersatz der älteren Fahrzeuge und Fahrten im Berufsverkehr, etwa Görlitz – Cottbus – Lübben. Weil dabei aber der Maschinenwagen fehlte, musste die Sparbeleuchtung eingeschaltet werden oder die Wagen blieben bei jedem Halt dunkel. Außerdem dauerte der Fahrgastwechsel zu lange. Letztlich blieb der Gliederzug nur ein Behelf für die Bewältigung des Reiseverkehrs; er wurde bis 1986 ausgemustert.

Erfolgreicher gestaltete sich eine andere Doppelstock-Variante. Im Jahr 1958 begann die Reichsbahn Versuche mit Wendezügen, unter anderem mit Doppelstockeinheiten. Dabei baute man eine 34-polige Steuerleitung ein, mit deren Hilfe Diesel- und Elloks vom Steuerabteil aus bedient wurden. Von 1966 bis 1970 (und später nochmals von 1976 bis 1978) wurde im Reichsbahnausbesserungswerk Wittenberge eine Anzahl von Zügen mit einem Steuerabteil versehen. Da die Betriebsvorschriften das Schieben von zwei Doppelstockeinheiten nicht zuließen, ließ man in

Dresden und Rostock die Lok in der Mitte laufen – was den Reisenden oft längere Fußmärsche zu den Wagen brachte. Als das Schieben von zwei Einheiten zugelassen wurde, brauchte die Reichsbahndirektion Greifswald für die aus drei Einheiten (!) bestehenden Wendezüge nach Lubmin eine besondere Genehmigung. Insgesamt aber hatte die Maßnahme Erfolg. Nur reichte der Bestand an Wendezügen für den Bedarf nie aus.

Probleme und Lösungen

Was den Einsatztechnologen am meisten missfiel, war der unflexible Einsatz der Doppelstockeinheiten; sie konnten ja nicht getrennt werden. Deshalb wurden doppelstöckige Einzelwagen gewünscht, von denen zwei Muster als Gattung DBme und als Standardwagen bezeichnet 1971 entstanden. Sie unterschieden sich wesentlich von den anderen Konstruktionen, zum Beispiel durch den niedrigen Einstieg zwischen statt über den Drehgestellen. Doch sollten sie erst 1974, also nach „Ulbrichts Zeiten" kommen.

Alles in allem aber waren die Doppelstockwagen ein probates Mittel für das hohe Verkehrsaufkommen. Sie sollten sich noch weit über die Reichsbahn-Ära hinaus halten.

Erich Preuss/GM

Für traktionstechnisch schwierige Strecken wurden zweiteilige Doppelstockeinheiten gebaut. Im Juni 1968 trifft Dampflok 50 237 mit dem aus zwei Zweiteilern bestehenden P 2812 in Altenberg ein
Alfred Luft

Blick in das Untergeschoss eines Görlitzer Doppelstockwagens bei einer Test- bzw. Vorführfahrt am 20. Dezember 1951. Im Nahverkehr der DR sollten die schlichten Längslatten bald vielerorts Standard werden
Wolfgang Stephan/ Historische Slg. der DB

Container statt Dampf

Aufgrund des sinkenden Dampflokbestands brauchte die Reichsbahn Ende der 1960er-Jahre das Ausbesserungswerk Zwickau für die Lokinstandhaltung nicht mehr. Es sollte fortan dem Kombinierten Ladungsverkehr zuarbeiten

Es war wohl die schwierigste Bewährung, der sich das Reichsbahnausbesserungswerk (Raw) Zwickau stellen musste. Wegen des starken Rückgangs des Dampflokomotivparks brauchte die Deutsche Reichsbahn die Instandsetzungskapazität des Werkes für diese Fahrzeuge nicht mehr. Benötigt wurden die Produktionskapazitäten des Bereiches Fahrzeugausbesserung aber für neuartige Aufgaben. Die Lösung hieß: Abschied vom Dampf im Raw Zwickau, grünes Licht für die Containerproduktion. Das sollte der Beitrag für ein effektives, modernes Transportsystem in der DDR sein.

Ungewohnter Anblick: Von 1968 an fertigt das Raw Zwickau Container, ein Eisenbahndrehkran 10 übernimmt die Verladung. Den Kran hat man dafür eigens von Diesel- auf Elektroantrieb umgerüstet
Rainer Heinrich

Umstellung auf Container

So endete mit der Übergabe der letzten ausgebesserten Dampflok, 58 3031 des Bw Gera, am 13. Dezember 1968 die 60 Jahre dauernde Ära der Dampflokreparatur im Zwickauer Ausbesserungswerk. Seit 1945 hatten die Mitarbeiter des Werks 12.962 Dampflokomotiven repariert. Zwickau war Heimat-Raw für die Dampflokbaureihen 18, 19, 56, 58, 84 und 86. Nach einer Feierstunde auf dem Schiebebühnenfeld der ehemaligen Lokwerkstatt zog 58 3031 den ersten, noch in handwerklicher Fertigung hergestellten Zug mit Großcontainern aus der Werkhalle. Denn die Produktion hatte inzwischen begonnen. Am 3./4. Januar 1968 war der erste im Raw Zwickau entwickelte Gt-Container im Bahnbetriebswerk (Bw) Berlin-Schöneweide dem Minister für Verkehrswesen, Erwin Kramer, und Vertretern der Partei- und Staatsführung vorgestellt worden.

Nach Dezember 1968 wurde für 33 Millionen Mark der Lokbereich in Zwickau in eine moderne Produktionsstätte für Container umgebaut. Den Abschluss markierte die Inbetriebnahme der teilautomatisierten Produktionslinie in der ehemaligen Kesselschmiede am 3. Oktober 1969. Vorher hatte man auf den Gleisen der ehemaligen Tenderreparatur mit provisorischen Mitteln und in mühevoller Handarbeit die ersten 60 Exemplare der 20-Tonnen-Container montiert. Nur dadurch konnten am 30. Juni 1968 die ersten Containerzüge der Reichsbahn in der Relation Dresden – Berlin – Rostock verkehren. Auch die ersten Containertragwagen für die DR wurden im Raw Zwickau gebaut, bevor der Bedarf aus einem Neubau-Programm im Raw Eberswalde und durch Importe aus Rumänien gedeckt wurde.

1968 verfügte das Raw „7.Oktober“ Zwickau noch über drei Dampflokomotiven, die als Werkloks

Letzte Dampflok verließ das RAW

Zwickauer Eisenbahner geben Beispiel für gesamtes Transportwesen / Signal auf Grün für Containerfertigung

Am vergangenen Freitag wurde im RAW „7. Oktober“ die letzte ausgebesserte Dampflokomotive in Gegenwart des stellvertretenden Ministers für Verkehrswesen, Genossen Herbert Marktscheffel, und des Vorsitzenden des Zentralvorstandes der IG Transport und Nachrichtenwesen, Genossen Karl Iffländer, Vertretern der SED-Bezirksleitung, der SED-Kreisleitung sowie Hunderten Eisenbahnern feierlich verabschiedet. Seit 1945 wurden hier 12 962 Loks repariert, jetzt tritt die Produktion von Containern an ihre Stelle.

Zehn Container über den Plan

Die Kollegen um den Meister der Containerfertigung, Genossen Rudi Körner, wissen, daß sie einen entscheidenden Beitrag in der Revolution des Transportwesens leisten. Sie wissen, daß die Transportzeiten durch das Containersystem um die Hälfte sinken, die Arbeitsproduktivität in Teilbereichen des Güterumschlags um das Zwanzigfache steigt und der Bau kostspieliger Lagerhallen erspart bleibt. Darum haben sie sich verpflichtet, bis zum Jahresende zehn Container über den Plan zu produzieren und so einen guten Start in das Planjahr 1969 zu ermöglichen.

84 Vorschläge

Die Verabschiedung der letzten Dampflok, verbunden mit der vollen Übernahme der Containerproduktion, war ein würdiger Auftakt für die am Nachmittag stattgefundene Gewerkschaftsaktivtagung des Dienstortes Zwickau. Auf der Grundlage des Wettbewerbsaufrufes der Kabelwerker aus Berlin-Oberspree beschlossen sie, den Wettbewerb zu Ehren des 20. Jahrestages der DDR auf einer höheren Ebene fortzuführen. Fast 3500 Eisenbahner und Eisenbahnerinnen hatten dazu in den vergangenen 121 Beratungen insgesamt 84 Vorschläge erarbeitet.

Anstrengungen im Wettbewerb vervielfachen

Genosse Iffländer betonte in seinem Diskussionsbeitrag: „Die Gewerkschaftsaktivtagung des Dienstortes Zwickau gibt den ‚Abfahrauftrag‘ dafür, in allen Betrieben und Dienststellen der Deutschen Reichsbahn die eingegangenen Verpflichtungen zum 20. Jahrestag der DDR zu überprüfen und nach den Maßstäben des 9. Plenums des ZK der SED und des Aufrufes der Kabelwerker in Berlin die Weiterführung des sozialistischen Wettbewerbs zum 20. Jahrestag der DDR zu organisieren. Die allseitige Stärkung der DDR erfordert von den Gewerkschaftsleitungen die Initiative, den Ideenreichtum und die schöpferische Kraft aller Eisenbahner und Eisenbahnerinnen im Wettbewerb zu vervielfachen.“

G.

Das ist die letzte ausgebesserte Dampflokomotive, die am vergangenen Freitag im RAW „7. Oktober“ feierlich verabschiedet wurde. Seit 1945 wurden im RAW 12 962 Loks repariert, jetzt tritt die Produktion von Containern an ihre Stelle. Diesen entscheidenden Beitrag in der Revolution des Transportwesens wollen Zwickauer Eisenbahner mit hervorragenden Wettbewerbsverpflichtungen erfüllen. Auf der Grundlage des Wettbewerbsaufrufes der Kabelwerker Berlin-Oberspree beschlossen sie deshalb, den Wettbewerb zu Ehren des 20. Jahrestages unserer Republik auf einer höheren Ebene weiterzuführen.

Foto: FP-Proksch

im Einsatz standen. Alle im Raw Zwickau eingesetzten Werkloks waren im ehemaligen Anheizschuppen stationiert, der mit Aufnahme der Containerproduktion aber zur Farblackierung genutzt wurde. Die noch im Raw Zwickau eingesetzten Werkloks 94 1809 und 94 2105 gingen an das Bw Zwickau über.

Für In- und Ausland

Neben der Revision und dem Neubau von Güterwagen bestimmte der in der ehemaligen Lokhalle und Kesselschmiede eingerichtete Containerbau von 1968 an 25 Jahre lang die Arbeit im Raw Zwickau. Auch die Reparatur von Großcontainern geschah dort. Ein Großteil der „Silberkisten“ ging in die Sowjetunion und die CSSR, aber auch Polen, Ungarn und Bulgarien erhielten Behälter. In der DDR wurde mit Einführung des Containertransports die Hauptverwaltung Wagenwirtschaft der DR der wichtigste Abnehmer. Die Deutsche Seereederei gehörte ebenfalls zu den Großkunden. Die Abfuhr der neuen Container geschah täglich in bis zu 120 Achsen starken Ganzzügen. Währenddessen baute die Reichsbahn den Containerverkehr aus. Im Jahr 1971 gab es bereits 17 Umschlagplätze, die durch 350 schnell fahrende Containerzüge verbunden waren.

Rainer Heinrich

Für die Presse zog 58 3031, die letzte in Zwickau ausgebesserte Dampflok, am 13. Dezember 1968 symbolisch einen Zug mit Neubau-Containern aus der Lokhalle
Slg. Rainer Heinrich

Moderne Triebfahrzeuge geben sich im Sommer 1968 im Leipziger Hauptbahnhof die Ehre. Rechts beschleunigt eine Diesellok V 100 einen Personenzug aus Länderbahn-Abteilwagen, links steht eine Ellok E 42 bereit

Harald Navé/Slg. Alfred Luft

Elektro- und Dieseltraktion 1949–1971

Demontage und Abtransporte bei der Elektrotraktion sowie ein Dieselfuhrpark in den Anfängen: Das waren die Voraussetzungen, mit denen die Reichsbahn 1949 arbeiten musste

Neue Lok mit neuen Wagen: Im Dezember 1966 fährt E 42 154 mit einem Doppelstock-Zug aus Halle (Saale) Hauptbahnhof aus
Ingrid Migura/Historische Slg. der DB

Die Berliner S-Bahn (in allen Sektoren der weithin zerstörten Stadt) sowie einige Neben- und Kleinbahnen (mit Gleichstrom): Das war alles, was die Reichsbahn der DDR an elektrischem Betrieb 1949 noch hatte. Zwischen Magdeburg und der Zonengrenze bei Probstzella waren sämtliche Anlagen der elektrischen Zugförderung durch die UdSSR als Reparation 1946 demontiert worden, zudem hatte sie alle elektrischen Triebfahrzeuge abtransportiert. Der Neubeginn gestaltete sich schwierig, und er sollte es auch bleiben, als die Sowjetunion 1952/53 der DDR den größten Teil der beschlagnahmten Elloks im Tausch gegen 355 Neubau-Reisezugwagen zurückgab. Der Zustand der Fahrzeuge war nach rabiater Anpassung an die russische Spur, sporadischen Betriebserprobungen, langen Abstelljahren und der Zerlegung für den Rücktransport extrem desolat. Mit viel Improvisationsgeschick und handwerklichem Können gelang es den Ingenieuren und Arbeitern des Reichsbahnausbesserungswerks (Raw) Dessau, in jahrelanger Kleinarbeit (teilweise sogar ohne Original-Zeichnungssätze) aus einem Schrottbestand von 185 Loks zwischen 1955 und 1961 insgesamt 104 Maschinen zu reaktivieren (siehe Kasten). Dazu kamen zwei elektrische Triebzüge auf der Basis deutscher und niederländischer Schadfahrzeuge.

Prospekt für die neue Diesellok-Baureihe V 180
Slg. M. Olten

Zeitweise war politisch umstritten, ob man überhaupt zum hergebrachten deutschen Wechselstromsystem 15 kV/16 2/3 Hz zurückkehren sollte. Es gab Befürworter eines Neubeginns mit dem in der Sowjetunion, in Polen und der Tschechoslowakei bevorzugten System mit 3.000 V Gleichstrom; sie setzten sich aber nicht durch. Die Elektrifizierung begann 1955 mit der Strecke Halle – Köthen. Bis zum Ende des Jahrzehnts wurde sie auf die schon bis 1946 elektrisch betriebenen Strecken von Leipzig nach Magdeburg und Dessau und von Halle nach Weißenfels ausgedehnt. In der Phase der Ungewissheit hatte die Reichsbahn aber einige Elloks im Tausch gegen dringend benötigte Dampflokersatzteile an die Bundesbahn abgegeben.

Moderne Elloks

Mit der E 44 123 wurde im März 1961 die hundertste wiederhergestellte Ellok dem Betrieb übergeben. Doch die reaktivierten Maschinen der Vorkriegsbauarten reichten nicht mehr aus. Etwa 300 Kilometer Strecke waren bereits unter Fahrdraht, über weitere 600 Kilometer sollten in absehbarer Zeit folgen. Bestrebungen nach einer Lizenz zum Nachbau der Bundesbahn-Typen E 10 und E 40 scheiterten an politischen Vorbehalten – und noch wichtiger: an den in westlicher Währung zu entrichtenden Kosten. In enger Kooperation mit der DR entwickelte LEW Hennigsdorf daraufhin eine eigenständige Bo'Bo'-Lok. Vorbild im Fahrzeugteil war eine an die Polnischen Staatsbahnen gelieferte Gleichstromlok, im elektrischen Teil brauchte es im früheren Hennigsdorf AEG-Werk Pionierarbeit.

Im Januar 1961 wurden die Baumuster E 11 001 und 002 vorgestellt, die einen Tatzlagerantrieb besaßen. Er sollte für die auf dem Reichsbahnnetz in absehbarer Zeit nur möglichen 120 km/h genügen. Die von Anfang an gut bewährte Konstruktion ging in zwei Varianten in Serie, nämlich weiterhin als E 11 für 120 km/h und als E 42 für 100 km/h. Bis 1976 wurden zusammen 387 Exemplare geliefert.

In den 60er-Jahren stellte DDR vor allem hochbelastete Verbindungen im Süden ihres Netzes auf elektrischen Betrieb um: so die Strecke Leipzig – Erfurt – Neudietendorf und das steigungsreiche „sächsische Dreieck". Im Ballungszentrum Leipzig verkehrten erstmals 1969 lokbespannte Stadtbahnschnellzüge; weitere S-Bahn-Netze entstanden zu Beginn der 70er-Jahre in den Räumen Halle, Dresden und Magdeburg. Zum Einsatz kamen jeweils Wendezüge mit Ellok. Hatte sich die DR prinzipiell für 15 kV/16 2/3

Parade in Halle (Saale): Neben Neubau-Elloks wie E 42 074 links leisten auch noch (wieder aufgearbeitete) Vorkriegsmaschinen wertvolle Dienste. Im Bild von links E 44 124, E 95 02 und E 18 19
Slg. Dirk Winkler

Hz entschieden, so gab es eine Ausnahme: den Inselbetrieb Blankenburg (Harz) – Königshütte mit 25 kV/50 Hz Wechselspannung aus dem Landesnetz. Die am 10. September 1965 aufgenommene elektrische Traktion auf dieser Strecke bestritt die DR mit 15 sechsachsigen Lokomotiven (Achsfolge Co'Co') der Baureihe E 251, die sie bei LEW Hennigsdorf kaufte.

Dagegen blieb der wichtigste elektrische Bahnbetrieb der DR, die Berliner S-Bahn, bis lange nach Ulbrichts Abschied auf Vorkriegsmaterial angewiesen. Vier Versuchstriebzüge, 1959 auf der Leipziger Messe vorgestellt, hatten keinen Erfolg.

Neubeginn mit Dieselmotor

Bei der Zugförderung mit Verbrennungsmotor musste die DR lange von der übernommenen Substanz zehren. Die Versorgung mit Dieselöl war zunächst nicht gesichert. Außerdem fehlte es an Produktionskapazitäten für Motoren und Getriebe. Im Jahr 1945 verfügte man über Kleinloks, Triebwagen verschiedener Typen und Wehrmachtsdieselloks (die wie bei der DB später als V 36 eingereiht wurden). Ein kleiner Bestand an Schnelltriebwagen aus der Vorkriegszeit konnte Ende der 50er-Jahre durch Ankäufe von der DB ergänzt werden. Weniger glücklich wurde man mit drei 1953/54 aus Ungarn importierten Triebzügen mit der Reihenbezeichnung VT 12.14. Die dreiachsigen Antriebsdrehgestelle entgleisten immer wieder einmal; die mechanische Kraftübertragung forderte vom Personal viel Fingerspitzengefühl und neigte dennoch zu Schäden. Der Einsatz der Schnelltriebwagen hatte aber hohen politischen und verkehrswirtschaftlichen Rang. Sie fuhren von Berlin nach Hamburg, zum Fährbahnhof Warnemünde sowie nach Prag und weiter nach Wien, brachten also der (D)DR Prestige und Devisen ein.

Der Bau von Dieselloks konnte – abgesehen von Schmalspurloks für Industrie und Feldbahnen – erst 1960 beginnen. Wie in vielen Ländern wollte man zunächst den besonders personalintensiven Rangierdienst auf Dieseltraktion umstellen. Hierzu bestimmt waren eine zwei- und eine vierachsige Lok mit Strö-

Die V 180 war die große Zweimotorige für Reise- und Güterverkehr. Die erfolgreiche dieselhydraulische Maschine entstand als Vier- und Sechsachser; politische Vorgaben stoppten aber 1966 diese Entwicklungslinie (Foto: 118 005 in Schönefeld b. Berlin, 1971)
E. Ebert

Neue Dieselloks für verschiedene Leistungsklassen: Die Kleinlok V 15 (unten) und die Rangierlok V 60.10 (links unten) ersetzten im Rangierdienst die aufwendig zu betreibenden Dampflokomotiven
Slg. Dirk Winkler (2)

mungsgetriebe und Stangenantrieb über Blindwelle gemäß dem Grundkonzept der V 36. Je nach Leistungsklasse reihte man die blau lackierten Zweiachser als V 15.10, V 15.20 und V 23 ein. Die orange, später rot/elfenbein lackierte vierachsige Type hieß V 60.10. Die Vergabe von Baureihen verriet politische Symbolik. Noch bis in die späten 60er-Jahre achtete die DR darauf, keine bei der DB schon besetzten Loknummern zu verwenden. Damit wäre eine Wiedervereinigung Deutschlands und der beiden deutschen Eisenbahn-Fahrzeugbestände problemlos möglich gewesen – wurde doch zu Ulbrichts Zeiten an einen solchen Zusammenschluss noch gedacht, selbstverständlich unter sozialistischen Vorzeichen.

Von den zweiachsigen Dieselloks mit einer Leistung zwischen 110 und 162 kW wurden bis 1969 an die DR 504 Exemplare geliefert, die vierachsige Lok mit 478 kW brachte es bis 1982 auf 1.134 Exemplare. Daneben wurden von beiden Typen große Zahlen an Industriebetriebe und ausländische Kunden geliefert.

Mit der Inbetriebnahme der Dieselrangierloks konnte die DR auf viele Dampfloks der Länderbahnen und der 1949 in den Reichsbahnbetrieb integrierten privaten Kleinbahnen verzichten. Die Dampflok-Reihen 55, 56, 74, 89, 91, 92, 93 und 98 wurden nun selten. Die Dieselloks fuhren auf einigen Nebenbahnen sogar vor Reisezügen, mit Beiwagen von Triebwagen oder kohlenbeheizten Personenwagen, in den frühen 60er-Jahren sogar mit Behelfspersonenwagen aus dem Zweiten Weltkrieg, die einen Kohleofen besaßen.

Geradezu typisch für die Planwirtschaft war die immer wiederkehrende, völlig planwidrige Spontaneität. Wohl nur aus Disparitäten im Handel mit der benachbarten Tschechoslowakei heraus war zu erklä-

ren, dass der Rangierdienst im Leipziger Hauptbahnhof neu 1962 nicht auf V 60.10 umgestellt wurde, sondern auf eine dieselelektrische Importlok von KD. Die 20 Exemplare dieser V 75 erbrachten durchaus die geforderte Leistung, boten dem Lokführer aber schlechte Sichtverhältnisse und blieben bei der DR Exoten.

Triebwagen und Lokomotiven

Wie im Westen Deutschlands musste der Nebenbahnbetrieb sparsamer gestaltet werden. Zwei Mann Lokpersonal, zwei Mann Zugpersonal und die langen Rüstzeiten der Dampflok vor und nach den meist nur kurzen Fahrten waren zu teuer. Der erste Schienenbus stand 1957 auf der Leipziger Messe und erinnerte nicht nur äußerlich an sein DB-Vorbild, sondern lief auch mit einem Büssing-Motor. Die Serienbeschaffung kam erst 1962–65 zustande, inzwischen mit einem Motor vom Elbewerk Roßlau. Den 70 einmotorigen Wagen und genauso vielen Beiwagen folgten 1964, 1965 und in Serie 1968/69 dann 89 zweimotorige Triebwagen. Die wiederum gleich vielen Beiwagen waren zu Steuerwagen ertüchtigt.

Aber auch im prestigeträchtigen Fernreiseverkehr trat die DR mit einem neuen Fahrzeug auf den Plan. Zur Leipziger Messe 1963 wurde das erste Exemplar des VT 18.16 vorgestellt, der sich designmäßig – wie sein „West-Bruder“ VT 11.5 – an die Vorkriegstriebwagen Franz Kruckenbergs anlehnte. Im Jahr 1965 ging das Fahrzeug in Serie und machte bald im internationalen Reiseverkehr Furore.

Die Dieselloks geringer Leistung und die Leichttriebwagen erhielten anfangs den sechszylindrigen 6 KVD 18-Viertakt-Dieselmotor vom VEB Elbewerk Roßlau, die leistungsstärkeren Lokomotiven und der Schnelltriebwagenzug die Baukastenreihe des zwölfzylindrigen 12 KVD 21-Viertakt-Dieselmotors vom VEB Kühlautomat Berlin-Johannisthal. Die Diesellokomotiven kamen vom VEB Lokomotivbau „Karl

Auf der Leipziger Messe 1959 wurde der erste „Leichtverbrennungstriebwagen“ vorgestellt. In den 1960er-Jahren ging der DR-Schienenbus (Baureihe VT 2.09) in Serie und rationalisierte den Betrieb auf Nebenbahnen
Ralph Lüderitz

oben: Eine Zugbegleiterin des VT 18.16 ist Anfang 1970 das Hauptthema des DR-Informationsheftes

rechts: Die Idee eines vierachsigen Dieseltriebwagens für den Nahverkehr kam nicht über das Versuchsstadium mit Prototypen hinaus

Slg. Felix Walther (2)

Marx“ Babelsberg und vom LEW, die Leichttriebwagen vom VEB Waggonbau Bautzen, die Schnelltriebwagen vom VEB Waggonbau Görlitz.

Daneben brauchte die Reichsbahn auch eine eigene Großdiesellok; die Idee, die V 200 der Bundesbahn in einem sozialistischen Gesamtdeutschland nutzen zu können, rückte in weite Ferne. Bei der Neuentwicklung wiederum war die Orientierung am westdeutschen Vorbild offensichtlich. Die 1960 vom Lokomotivbau Karl Marx Babelsberg (LKM) vorgestellten Baumuster V 180 001 und 002 bargen mit Motoren und Strömungsgetrieben aus der Bundesrepublik noch viel westliche Innereien. Bis zur 1962 beginnenden Serienfertigung konnte man hierauf verzichten. Drei Varianten wurden in Serie gebaut, nämlich

- 85 vierachsige Loks mit 2 x 662 kW,
- 82 vierachsige Loks mit 2 x 736 kW und
- 193 sechsachsige Loks mit 2 x 736 kW für Strecken mit schwächerem Oberbau.

1964 war auf der Leipziger Messe das Baumuster einer leistungsmäßig halbierten V 180 zu besichtigen, die V 100 001. Das westdeutsche Vorbild lässt grüßen!

Kurswechsel 1966

Mitte der 60er-Jahre schien die schrittweise Erneuerung des Triebfahrzeugparks außer Zweifel. Der Fahrdraht hing über nahezu 600 Kilometer Strecke; er sollte alsbald von Leipzig und Dresden nach Berlin sowie von dort und von Magdeburg zum neuen Hochseehafen Rostock gespannt werden. Die E 42 und eine mit Gummiringfederantrieb für höhere Geschwindigkeiten ertüchtigte Weiterentwicklung der E 11 sollten die Hauptlast der Zugförderung übernehmen. Die zweimotorige V 180 sollte zur V 240 und V 270 aufgerüstet werden.

Doch die Politik wollte es anders. Kapazitätslücken im Kraftwerksbau und in der Elektroindustrie, Devisenprobleme bei der Kupferbeschaffung und das sowjetische Versprechen einer immerwährenden Lieferung billigen Öls führten zu dem völlig überraschenden Beschluss des Ministerrates der DDR vom 17. März 1966. Darin bestimmte sie, die Elektrifizierung auslaufen zu lassen und bei der Ablösung der Dampfloks künftig auf die Dieseltraktion zu setzen. Deren Anteil an der Zugförderung sollte von 1965 bis 1978 von 3 auf 72 Prozent gesteigert werden. Dem folgte gleich noch eine kühne Entscheidung aus dem Politbüro: Dieselloks mit mehr als 2.000 PS sollten künftig aus der Sowjetunion beschafft werden, und zwar in Abkehr von aller eigenen Entwicklung mit elektrischer Kraftübertragung. Die Durchsetzung der am grünen Tisch beschlossenen Arbeitsteilung zwischen den sozialistischen Ländern beendete die vielversprechende Entwicklungsreihe der Babelsberger Großdiesselloks. Lediglich die V 100

durfte (mit fast 900 Exemplaren in verschiedenen Varianten bis 1978) in Serie gehen.

Dieselloks aus der UdSSR

Schon im Herbst 1966 traf die erste russische Lokomotive ein. Nun besetzte man demonstrativ eine Nummernreihe, die im Westen bereits belegt war, und nannte die sechsachsige dieselelektrische Lok V 200 001. Die Probleme mit der sehr bald in Serie gelieferten Maschine waren erheblich. Sie lärmte, eine Zugheizvorrichtung fehlte, die Qualität der Ausführung schwankte von Lok zu Lok. Die Politik erlaubte aber keinen Rückzug. Bis 1974 übernahm die Reichsbahn 378 Lokomotiven dieser Baureihe.

Als Ulbricht im Mai 1971 in den erzwungenen Ruhestand ging, war die Dampflok in der DDR noch allgegenwärtig. Diesel- und Elektrotraktion aber befanden sich – auf den Normalspurstrecken – auf dem Vormarsch. Dabei waren die „Dispatcher" der DR jeden Tag froh über die Stabilität des elektrischen Netzes zwischen Neudietendorf, Magdeburg und Dresden und über die Zuverlässigkeit der V-180-Familie. Die Importwelle hatte unterdessen mit der – inzwischen mühsam alltagstauglich gemachten – V 200 erst begonnen. Weitere ausländische Loks sollten folgen.

Andreas Knipping/GM

Für den Inselbetrieb auf der Rübelandbahn wurde die sechsachsige E 251 gebaut. Im Bild bei der leistungstechnischen Untersuchung 1966

Wiegner/Slg. Gert Schütze

Die V 200 war die erste Reichsbahn-Diesellok aus sowjetischer Produktion. Die politische Führung hatte die Beschaffung der Maschine 1966 verordnet (Aufnahme bei Leipzig-Plagwitz)

Ralph Lüderitz

Eckig – rund – bunt

Der Fahrzeugbestand der Reichsbahn ist in den 50er- und 60er-Jahren an sich schon breit gefächert. Aber innerhalb dessen gibt es noch ein besonderes Sammelsurium: den Fuhrpark der Triebwagen

In den 60er-Jahren kann die Deutsche Reichsbahn auf die Schnelltriebwagen aus der Vorkriegszeit noch nicht verzichten; die SVT gehören sogar zum Standardmaterial im hochwertigen Reisezugdienst. Im Sommer 1968 ist VT 137 225 in Berlin Ostbahnhof unterwegs
Alfred Luft

Die Schleizer Kleinbahn wird seit der Eröffnung 1930 mit Elektrotriebwagen und 1.200-Volt-Gleichstrom bedient. Im Mai 1966 steht ET 188 511 an der Spitze eines Zuges abfahrbereit im Bahnhof Saalburg; von hier pendelt er über rund 15 Kilometer nach Schleiz
Klaus Kieper

Die Altmark mit ihren zahlreichen Nebenbahnen ist zu Ulbrichts Zeiten ein Paradies für Freunde alter Dieseltriebwagen. Im Kreuzungsbahnhof Klein-Rossau treffen sich Veteranen verschiedenster Bauarten und Herkunft
Ralph Lüderitz

Als „Fliegender Spreewälder" ist der kleine VT 133 523 der meterspurigen Spreewaldbahn bekannt geworden. An einem sonnigen Junitag im Jahr 1966 hat er den Bahnhof Straupitz erreicht
Klaus Kieper

Jetzt mit Kontrollziffer

Zum 1. Juni 1970 stellte die Deutsche Reichsbahn die Bezeichnung ihrer Triebfahrzeuge um. Für die elektronische Datenverarbeitung erhielten diese eine neue Ziffernfolge

Mit der Anwendung der elektronischen Datenverarbeitung für die Leistungserfassung bei der Deutschen Reichsbahn im Jahre 1970 wurde eine neue, aus Ziffern bestehende Triebfahrzeugnummer notwendig. Die VES M in Halle (Saale) hatte dafür 1968/69 ein rein numerisches Bezeichnungssystem für Lokomotiven, Trieb-, Steuer- und Beiwagen erstellt. Grundsatz für die neue Fahrzeugbezeichnung war eine sechsstellige Betriebsnummer, bestehend aus einer dreiteiligen Baureihennummer und einer dreistelligen Ordnungsnummer. Das hatte es in der Form bisher nicht gegeben. Und auch die ergänzend hinzu kommende Selbstkontrollziffer für den Rechner war neu.

Das neue System berücksichtigte sowohl Elemente der bisherigen Kennzeichnung als auch Empfehlungen der internationalen Eisenbahnverbände OSShd und UIC. Bei Dampflokomotiven wurde die Nummerung mit einigen Ausnahmen beibehalten und durch die Kontrollziffer ergänzt. Die Umnummerung betraf daher in erster Linie die modernen Traktionsmittel, die Elektro- und Dieseltriebfahrzeuge, deren Kennzeichnung bisher alphanumerisch, also in der Buchstaben-Ziffern-Verbindung, beschaffen und von vornherein nicht für eine Datenfernübertragung zu Rechenzentren geeignet war.

Als einzige Ellok erhielt die E 94 eine neue Baureihenbezeichnung zugewiesen. Die am Stichtag 1. Juni 1970 im Betriebspark vorhandenen 23 Altbau-Elloks wurden als Baureihe 254 eingereiht, während etwa aus der E 44 die 244 wurde. E 94 017 der Einsatzstelle Zwickau firmiert nun als 254 017-7, E 94 059 als 254 059-9
Rainer Heinrich

Die Baureihennummer

Für die erste Ziffer der Baureihennummer wurden demzufolge festgelegt:

- 1 (100–199) = Dieseltriebfahrzeuge
- 2 (200–299) = Elektrotriebfahrzeuge
- 0, 3–9 (bis 99) = Dampflokomotiven
- 3–9 (300–900) = Kleinloks, Triebwagen etc.

Die zweite Ziffer der Baureihennummer diente als weiteres Unterscheidungsmerkmal: Die Zahlen 0 bis 6 verwendete man für Diesel- und Elektrolokomotiven, 7 bis 9 für Trieb-, Steuer- und Beiwagen. Zur Vermeidung künftiger Verwechslungen und Doppelungen mit Diesel- oder Elloks waren jedoch die mit einer „1“ oder „2“ als erster Ziffer beginnenden Baureihennummern zu ändern. Das betraf die Baureihen 18 (neu 02), 19 (neu 04), 22 (neu 39), 23.10 (neu 35) und 24 (neu 37). Die dritte Ziffer der neuen Baureihennummer diente zur weiteren spezifischen Unterscheidung der Baureihen. Dafür setzte man bei den Diesel- und Elloks überwiegend die zweite Ziffer der bisherigen Baureihennummer ein. Bei Dampflokomotiven diente sie zur Unterscheidung der Feuerungsart: 0 stand für Ölhauptfeuerung, 1 bis 8 für Rostfeuerung, 9 für Kohlenstaubfeuerung.

Die Diesel- und Elektrotriebwagen sowie die Steuer- und Beiwagen bekamen völlig neue Baureihennummern, die keinen Rückschluss auf die alte Baureihenbezeichnung ermöglichten. Die Abfolge lautete:

- 170 bis 189 für Dieseltriebwagen
- 190 bis 199 für Steuer- und Beiwagen
- 270 bis 279 für Gleichstromtrieb- und Beiwagen
- 280 bis 285 für Wechselstromtriebwagen.

Die 23.10 bekam die neue Baureihennummer 35. Charakteristisch für Dampfloks war auch die vierstellige Ordnungsnummer
Ludwig Rotthowe

Für neue Triebwagen der Berliner S-Bahn reservierte man die Baureihennummern 270 bis 274 und für neue Wechselstromtriebwagen die 280 bis 284.

Die Ordnungsnummern

Eine dreistellige Ordnungsnummer bekamen außer den Dampflokomotiven alle anderen Triebfahrzeuge sowie die Steuer- und Beiwagen. Bei den Dampfloks wurde, um die bisherige Betriebsnummer weitgehend beibehalten zu können, eine vierstellige Ordnungsnummer verwendet. So war häufig die alte Betriebsnummer lediglich durch die Selbstkontrollziffer zu ergänzen, die anfangs dazu gemalt wurde. Sofern sich bei den Dampfloks Doppelungen ergaben, verwendete man nur die letzten drei oder zwei Ziffern der alten Ordnungsnummer. Für einige Lokomotiven mussten jedoch neue Ordnungsnummern festgelegt werden. Auch für einige Kleinloks waren zur Vermeidung von Doppelungen neue Ordnungsnummern erforderlich. Mit ihnen schloss man weitgehend vorhandene Lücken in der fortlaufenden Nummerierung. Bei den Schmalspurdampfloks gab die erste Ordnungsnummer die Spurweite an: 1+4 stand für 750 Millimeter, 2 für 900 Millimeter, 3 für 600 Millimeter und 5–7 für Meterspur. Die Ordnungsnummer wird bei allen Traktionen zu weiteren Unterscheidungen nach Besonderheiten innerhalb der Baureihe verwendet. Dadurch ist es möglich, Eigenschaften wie Motorleistung, Achsanordnung und Kraftübertragungssystem innerhalb der einzelnen Baureihe auch weiterhin aus der Triebfahrzeug-Nummer zu erkennen. Bei den Triebwagen nahm man durch die Ordnungsnummer eine Unterteilung in Motor-, Mittel-, Bei- und Steuerwagen vor.

Die Umzeichnung

Die Umzeichnung der Lokomotiven, Trieb-, Steuer- und Beiwagen der DR geschah zwischen dem 1. Januar und dem 31. Mai 1970. Vom 1. Juni 1970 an trat das neue Bezeichnungssystem in Kraft. Durchgeführt wurde die Umzeichnung in den Bahnbetriebswerken, in denen die Fahrzeuge beheimatet waren. Bis zum 31. Mai 1970 in Dienst gestellte Neubaufahrzeuge wurden außen mit der neuen, auf den Führerständen noch mit der alten Betriebsnummer versehen. Triebfahrzeuge, die sich nach dem 31. Mai mit alter Betriebsnummer in einem Reichsbahn-Ausbesserungswerk befanden, wurden dort umgezeichnet.

Auch bei den 20 Loks der aus tschechischer Produktion stammenden V 75 war die Umzeichnung aufwendiger. Zusätzlich zu den vier neuen EDV-Schildern musste der im Vorbau befindliche Leuchtkasten die EDV-Nummer bekommen. Aus der V 75 wurde die neue Baureihe 107
Rainer Heinrich

Die Diesel- und Elloks erhielten jeweils vier neue Schilder, wie auch die in Dienst zu stellenden Neubaufahrzeuge. Die Schilder für die Umzeichnung wurden zumeist von der Zentralwerkstatt in Pockau-Lengefeld, ehemals Bahnbetriebswerk, hergestellt. Sie bestanden aus schwarz gespritztem Stahlblech im Format 841 Millimeter Länge und 174 Millimeter Höhe mit 80x140 Millimeter großen, aufgenieteten Alu-Ziffern. Die noch länger im Einsatzbestand verbleibenden Dampflokbaureihen bekamen ebenfalls vier neue Nummernschilder, Dampfloks kurzfristig auslaufender Baureihen erhielten lediglich an der Rauchkammertür ein neues Nummernschild. An Führerhaus und Tender wurde die Betriebsnummer mit Farbe angeschrieben.

Rainer Heinrich/GM

FÜR DEN SOZIALISMUS

Die Reichsbahn und die Politik

Die Staatspartei SED wollte die Eisenbahner politisch und ideologisch mobilisieren. Es gab die Politischen Organe, Kampagnen und Arbeitsmethoden nach sowjetischem Vorbild. Damit einher ging eine weitreichende Überwachung

Die Einsätze als „Karlex" und „Karola" liegen für den Schnelltriebzug 175 im Juli 1988 schon einige Jahre zurück. Der Garnitur 175 005/006 fallen nun andere Aufgaben zu. Sie dient der Agitation und Unterhaltung für den „Jugendklub Ernst Thälmann", dessen Mitglieder im Jugendobjekt bei der Strecken-Elektrifizierung helfen; das Foto zeigt den Zug bei einem Aufenthalt in Radebeul Ost

Volker Emersleben

Von Anfang an unterlagen die Eisenbahner der Deutschen Reichsbahn wie die anderen Werktätigen und Behördenangestellten in der DDR dem politischen Einfluss der Staatspartei SED. Wie bei der Polizei und bei der Armee sollte der Einfluss unter den Eisenbahnern aber besonders organisiert sein. So kam es zu dem Beschluss des SED-Politbüros vom 22. Januar 1951, bei der Deutschen Reichsbahn einen besonderen Parteiapparat zu schaffen, die Politischen Organe mit einem Leiter als Stellvertreter des Verkehrsministers. Unterhalb der Politischen Verwaltung arbeiteten die Politischen Abteilungen bei den Reichsbahndirektionen und bei den Reichsbahnämtern. Die Eisenbahner standen damit unter einem doppelten Einfluss der Partei: von den Kreis- bzw. den Bezirksleitungen und dem Apparat der Instrukteure, Abteilungs- und Sektorenleiter der Polit-Abteilungen.

Slg. Felix Walther

Auf sozialistische Art zu leben, erfordert auf sozialistische Art zu arbeiten!

URKUNDE

In Anerkennung der hervorragenden Leistungen zur Steigerung der Arbeitsproduktivität wird

der Ehrentitel

AKTIVIST DES FÜNFJAHRPLANES

verliehen

Halle-Trotha, den 10.6.56

Betriebsgewerkschaftsleitung

Deutsche Reichsbahn

Werkleiter

Slg. Michael Reimer

Das Perfide daran war, dass niemand deren Kompetenzen kannte und sich die Unsicherheit hielt, in welcher Form diese Genossen über das Wohl und Wehe der beruflichen Entwicklung entschieden. Selbst Stellvertreter des Ministers fragten sich besorgt, wenn sie eine Rede gehalten hatten, was die Polit-Abteilung dazu gesagt habe. Bis in die 60er-Jahre wurden angesehene Leiter in der Rede unterbrochen und mit höhnischen Bemerkungen zum Abtreten gezwungen, wenn sie eine Meinung vertraten, die ein wenig „von der Linie“ abwich. Deshalb verhielten sich fast alle Leiter freundlich bis ergeben zu diesen Genossen und vergaßen nie, ihnen für die Anleitung und Unterstützung zu danken, selbst wenn deren Auftreten nur hinderlich war. Zum Ritual gehörte es, dass bei Konferenzen und Arbeitstagungen stets ein Abgesandter der Polit-Organe neben dem Präsidenten oder Hauptverwaltungsleiter saß. Meist fungierte er als „Verdienter Schlusswortredner“, wenn er nicht bereits während der Diskussion seine Meinung eingebracht hatte. Viel Arbeitszeit ging für Aktivtagungen und andere Parteiveranstaltungen ins Land. Immerhin konnte mancher Genosse mit der Teilnahme fachliches Unvermögen kaschieren. Wer im Schichtdienst tätig war, auf den Stellwerken oder in einsam gelegenen Blockstellen arbeitete, hatte das Glück, für die Instrukteure nicht gut erreichbar zu sein. Die Sekretäre der SED-Grundorganisationen hatten mit der Statistik „Teilnahme an den Parteiversammlungen“ ihre Not, von Teilnehmerzahlen wie der des Parteilehrjahrs und der „Schulen der sozialistischen Arbeit“ ganz zu schweigen.

Methoden, Losungen, Kampagnen

Zu Ulbrichts Zeiten war es üblich, die sowjetischen Arbeitsmethoden zu propagieren. Es gab beispielsweise die Lunin-Pflegemethode für Lokomotiven („Lok in persönlicher Pflege“), entsprechend die von Nina Nasarowa für die Schreibmaschinen oder die Mamedow-Methode für die Bereitstellung der Güterwagen in den Ladestellen und Anschlussgleisen. Hinzu kamen die Methoden der deutschen, sorgsam ausgesuchten Kollegen, wie die von Erich Seifert, der sich auf dem SED-Parteitag 1958 über den sozialistischen Wettbewerb und höhere Arbeitsnormen ausließ, die „ehrliche Selbstnormung“ forderte. Wenn dann die Ausfallzeiten nur im Durchschnitts- statt im Leistungslohn bezahlt wurden, konnte die Seifert-Methode die Werktätigen kaum begeistern.

Gleichzeitig schufen die SED-Funktionäre zahlreiche Losungen und Kampagnen. Kein Jahr ohne einen Jahrestag, einen Parteitag oder die Volkswahlen – geeignet für die Mobilisierung der Werktätigen, für „Kampfprogramme“, Selbstverpflichtungen und einen „Zug der guten Taten“, der dann durch den Reichsbahndirektionsbezirk fuhr und das Papier mit

rechts: Mit immer neuen Kampagnen und Auszeichnungen versuchte die SED die Leistung der Reichsbahner zu steigern. Lok 44 614 des Bw Halle G als „Qualitätsbrigade“ in den 50er-Jahren
Slg. B. Rampp

Zum „Tag des Eisenbahners" 1951 zeigt man „Verdiente Eisenbahner" auf Plakaten an dem zur Staatsoper umgezeichneten Admiralspalast. Von links: Lokführer Paul Heine der Schwerlastzugbewegung, Oberreferent Hans Wendler, Entwickler der Kohlenstaubfeuerung, sowie Lokheizer Karl Fritzsche und Lokführer Helmuth Kuhl (beide Schwerlastzugbewegung)
Schulz/Histor. Slg. der DB

den Verpflichtungen einsammelte. Nebenher waren noch Agitationszüge unterwegs, die von den Arbeitskollektiven und Lehrlingsgruppen organisiert besucht wurden. Einerseits sollten die Eisenbahner bei Laune gehalten, andererseits zu immer höheren Leistungen angespornt werden. Die Palette der Stimuli war bunt: Betriebe erhielten besondere Namen, wie das Reichsbahnausbesserungswerk „Wilhelm Pieck" Karl-Marx-Stadt oder das Reichsbahnausbesserungswerk „Deutsch-Sowjetische Freundschaft" Görlitz; alle halben Jahre wurden die Wanderfahnen des SED-Zentralkomitees, des Freien Deutschen Gewerkschaftsbundes und des Ministerrats der DDR für gute Leistungen im Wettbewerb verliehen und auch der Kampf um den Titel „Brigade der sozialistischen Arbeit" sollte neue Spitzenwerte in der Planerfüllung der Reichsbahner erbringen. Gleichzeitig band die SED gezielt die Eisenbahnerjugend ein. Zu Ulbrichts Zeiten waren die Jugendzüge, Jugendbrigaden und Jugendbahnhöfe nicht einmal unpopulär. Doch die Hoffnung, es gehe angesichts von Neubaulokomotiven, neuen Reisezugwagen und verbesserten sozialen Leistungen nach den Entbehrungen der Nachkriegszeit endlich aufwärts, wurde aber nur zum Teil erfüllt. Schon die strukturellen Voraussetzungen eigneten sich dafür nur bedingt. Den ideellen Prämien standen schwierige Verhältnisse gegenüber. Allein mit veränderter Organisation plus Ideologie ließen sich die Leistungen im Güter- und Reiseverkehr nicht beliebig steigern. Es brauchte auch Investitionen. Die wiederum flossen spärlich für die Reichsbahn.

SED und Eisenbahner-Tradition

War die Rede von Leistungsbereitschaft oder „Ordnung, Disziplin und Sicherheit" (oft nur ODS genannt), appellierten die Parteifunktionäre regelmäßig an die „Eisenbahnerehre". Immerhin galt der gelernte Eisenbahner etwas, wurde jahrzehntelange

Politische „Zuverlässigkeit“ war ein Garant für beruflichen Erfolg. Das Muster rechts wog Verfehlungen im Dienst mit „Treue zur Partei“ beim Aufstand vom 17. Juni 1953 auf
Slg. Erich Preuß

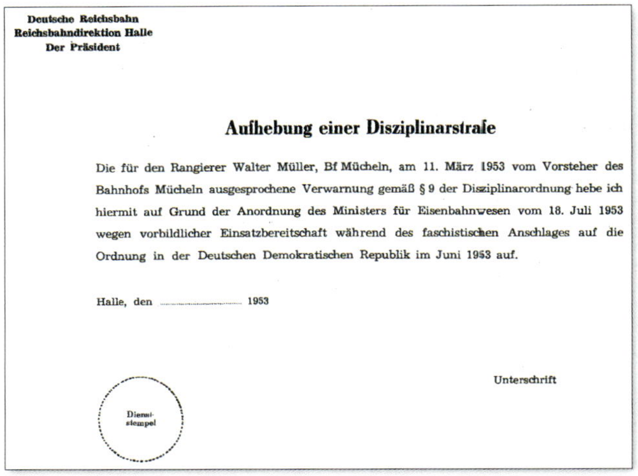
Deutsche Reichsbahn
Reichsbahndirektion Halle
Der Präsident

Aufhebung einer Disziplinarstrafe

Die für den Rangierer Walter Müller, Bf Mücheln, am 11. März 1953 vom Vorsteher des Bahnhofs Mücheln ausgesprochene Verwarnung gemäß § 9 der Disziplinarordnung hebe ich hiermit auf Grund der Anordnung des Ministers für Eisenbahnwesen vom 18. Juli 1953 wegen vorbildlicher Einsatzbereitschaft während des faschistischen Anschlages auf die Ordnung in der Deutschen Demokratischen Republik im Juni 1953 auf.

Halle, den 1953

Unterschrift

Dienst-stempel

ganz rechts: Zum Jubiläum „125 Jahre deutsche Eisenbahnen“ erschien 1960 eine Festschrift, welche die Entwicklung des Schienenverkehrs aus SED-Sicht darstellte
Slg. Oliver Strüber

oben: Festschrift der Deutschen Reichsbahn aus dem Jahr 1955
Slg. Felix Walther

Treue zum Beruf mit Medaille und Prämie belohnt und die Tradition, wenn auch politisch verbrämt, in mannigfacher Hinsicht gefördert. Dazu gehörte der Tag des Eisenbahners, den es bereits im „Dritten Reich“ (erster Sonntag im Dezember) gegeben hatte. Er wurde durch die „Verordnung zur Verbesserung der Wirtschaftlichkeit der Deutschen Reichsbahn und der Lage der Eisenbahner“ (Eisenbahnerverordnung) vom 9. Oktober 1950 wieder eingeführt und auf den zweiten Juni-Sonntag gelegt. Auf einer zentralen Veranstaltung würdigten Parteimitglieder die Eisenbahner und zeichneten rund 30, nach dem Sozialspiegel ausgesuchte Personen als „Verdiente Eisenbahner“ aus. Die Betriebe und Dienststellen begingen den Ehrentag mit kurzen Ansprachen, dann mit Essen und Trinken, Tanz und Unterhaltung. In einigen Städten wurden sogar Großveranstaltungen mit Bühnenschau, Sportwettkämpfen und Rundflügen organisiert. Weitere Aktionen nicht ausgeschlossen: So hatte der Dienstort Annaberg-Buchholz sein Kabarett, das Bahnbetriebswerk Zittau eine Mundharmonikagruppe und ein Gesangstrio, Elsterwerda eine Akrobatengruppe.

Dabei entsprach der ideologische Einfluss der Partei auf die Eisenbahner dem in jedem anderen Wirtschafts- und Gesellschaftsbereich der DDR. Niemand konnte sich dem völlig entziehen. Was die Parteifunktionäre aber oft vergaßen: Mit der Agitation und Propaganda, den Mitteln der politischen Einflussnahme, war es wie mit Süßigkeiten. Je mehr man davon bekam, desto weniger schmeckten sie. Man wurde ihrer überdrüssig.

rechts: E 44 139 steht im September 1959 mit dem „Schwerlastzug der guten Taten“ in Halle Hbf. Der Zug sammelte publikumswirksam gute Absichten der Eisenbahner
ZBDR/Histor. Slg. der DB

Im September 1964 ist 01 520 mit einem Reisezug im Bahnhof Berlin-Schönefeld eingetroffen. Bis 1961 war dies einer der Kontrollbahnhöfe, in denen ZBK-Mitglieder im Zug aufgegriffene Verdächtige „abführten“
Alfred Schulz/Historische Slg. der DB

Spezielle Kontrolleure

Jeder Fernzug führte einen Wagen mit Sonderabteilen, außen durch ein rot umrandetes Blechschild kenntlich gemacht. Innen hatten die Zugschaffner an den Fenstergriffen beiderseits der Abteile Plastetäfelchen mit den Aufschriften „Schwerbeschädigte“, „Mutter und Kind“, „Dla wojennich“ (russisch, „für Militär“), „Dienstabteil“ und „Bestellt“ aufzuhängen.

Bestellt – für wen? Das war nirgendwo geregelt, aber in den Zügen nach und von Berlin beanspruchte die Transportpolizei für ihr Zugbegleitkommando (ZBK) mindestens zwei Bestellt-Abteile. Die Türen wurden verhängt, damit niemand sehen konnte, was darin vorging.

Gegen „Schieber und Flüchtlinge“

Die Zugbegleitkommandos wurden nach dem Befehl 2/50 des Ministers des Innern vom 10. Januar 1950 gebildet. Sie sollten das Schiebertum und die Flucht aus der DDR nach West-Berlin bekämpfen. Das ZBK mit der roten Armbinde am Uniformärmel begann seine Tätigkeit beispielsweise zwischen Dresden und Berlin sowie in der umgekehrten Richtung. Es bestand aus fünf bis sieben Transportpolizisten, Männern und Frauen, die bereits auf dem Bahnsteig die Zusteigenden musterten und während der Fahrt durch den Zug gingen, um Verdächtige aufzuspüren. Der oder die musste zum Bestellt-Abteil mitkommen und wurde befragt: wohin er reisen wolle, wen er in Berlin besuchen werde. Mitunter mussten die Taschen entleert werden, hatte sich der Aufgegriffene auszuziehen, um ihn gründlich zu durchsuchen. Die ZBK suchten nach hohen Geldbeträgen, die womöglich zum Schieberkurs in West-Berlin umgetauscht werden sollten, nach Briefen mit verdächtigem Inhalt zur Fluchtvorbereitung, nach Waren und Wertsachen, die in West-Berlin zu Geld gemacht werden konnten.

Dabei waren nicht alle Aufgegriffenen Flüchtlinge oder Schwarzhändler. Einwohner aus den Spreewaldgemeinden holten in Berlin Gewürze für die Grützwurst, andere kauften Zutaten fürs Weihnachtsgebäck oder eine Schallplatte, die es in der DDR nicht gab. Dazu brauchte man Geld (Umtauschkurs 1 DM : 6 Ost-Mark) oder musste Waren wie Speck oder Schinken mitnehmen. 1951 sollen 22.229 Schwarzhändler festgenommen, 1954 50 Wirtschaftsverbrecher aufgegriffen worden sein. 1952 habe das ZBK Waren im Wert von 762.272 Mark beschlagnahmt.

Wer erwischt wurde, hatte ein Protokoll zu unterschreiben; die Kriminalpolizei ermittelte weiter und am Heimatort urteilten die Gerichte mit drakonischen Strafen. Das „Schiebergut“ wurde eingezogen; von der Weiterreise wurde der „Kriminelle“ ohnehin ausgeschlossen. Spätestens auf einem der Kontrollbahnhöfe rings um Berlin war die Reise zu Ende. An Schule oder Arbeitsstelle hatte der Gemaßregelte weitere Konsequenzen zu befürchten.

Die Bevölkerung in den Zügen sah sich schikaniert. Auch das Zug- und MITROPA-Personal empfand das ZBK nicht als sympathisch; im Gegenteil: Speisewagenkellner gingen durch den Zug und riefen: „Zigaretten (Z) – Bier (B) – Kekse (K)“, was Eingeweihte als Warnung vor dem ZBK verstanden.

Nach dem Mauerbau verschwand das ZBK aus den Zügen des DDR-Binnenverkehrs. Es hielt nun in den Zügen zwischen West-Berlin und der Bundesrepublik Ausschau, wer vielleicht unterwegs den Zug bestieg, um nach dem Westen zu verschwinden

Erich Preuss

Der Eisenbahn-Minister

Von 1950 bis 1970 fungierte Erwin Kramer als Reichsbahn-Generaldirektor, von 1954 bis 1970 auch als Verkehrsminister. Der gelernte Eisenbahner förderte viele Entwicklungen bei der DR

Manche bezeichnen Erwin Kramer, den nach Hans Reingruber und Roman Chwalek dritten DDR-Verkehrsminister der DDR, als genialen Ingenieur. Tatsächlich unterstützte er zahlreiche Entwicklungen bei der Reichsbahn, und das von hoher oder gar höchster Stelle. 16 Jahre lang, von 1954 bis 1970, war Kramer Verkehrsminister der DDR; gar 20 Jahre lang, von 1950 bis 1970, hatte er zudem das Amt des Generaldirektors der Reichsbahn inne. Der gelernte Eisenbahner ging in diesen Tätigkeiten voll und ganz auf. Er stand aber auch, trotz mancher gegensätzlicher Vorkommnisse in seinem Lebenslauf, linientreu zur Partei.

Am 22. August 1902 in Schneidemühl (heute Piła) geboren, wuchs Erwin Kramer in einer Familie von Eisenbahnern auf und erlernte im Reichsbahnausbesserungswerk seines Geburtsortes den Beruf des Schlossers. Nach dem Abitur studierte er in Berlin Elektrotechnik und Maschinenbau und verdiente sich seinen Unterhalt auch in den Reichsbahnausbesserungswerken Grunewald und Tempelhof. Er wurde in dieser Zeit Mitglied der Roten Studentenorganisation und von 1929 an der Kommunistischen Partei Deutschlands (KPD).

Nach dem Studium wurde Kramer Bauführer bei der Reichsbahn, musste aber, um einem Hochverratsprozess zu entgehen, 1932 in die Sowjetunion emigrieren. In Moskau arbeitete er am Zentralen Forschungsinstitut für Verkehrswesen an den Themen Rationalisierung der Verschiebebahnhöfe und Umstellung auf Großraumgüterwagen. 1937 ging er nach Spanien, kämpfte im Bürgerkrieg und kehrte nach der Niederlage in die UdSSR zurück. Während des Zweiten Weltkriegs war er in der Sowjetunion unter anderem als Ingenieur und als Übersetzer tätig, geriet jedoch ebenso in Konflikt mit der Kommunistischen Partei.

Die Zeit nach 1945

1945 meldete er sich in Berlin bei der Deutschen Reichsbahn zurück und wurde Hilfsdezernent in der Reichsbahndirektion Berlin. Seine Mitgliedschaft in der KPD, die Emigration in die UdSSR und der Gönner Ulbricht sollen dafür gesorgt haben, dass er für kurze Zeit in der Direktion Vizepräsident und Präsident wurde, ehe er 1946 als Leiter der maschinentechnischen Abteilung in die Hauptverwaltung Verkehr bzw. Generaldirektion der Deutschen Reichsbahn wechselte.

1949 berief man Kramer zum Stellvertreter des Generaldirektors Willi Kreikemeyer, der 1950 verhaftet wurde und im Gefängnis starb. Kramer rückte an dessen Stelle zum Generaldirektor auf. Das Ministerium für Eisenbahnwesen unter dem Minister Roman Chwalek wurde 1954 zum Ministerium für Verkehrswesen und Erwin Kramer nun für viele Jahre Minister. 1954 wählte ihn der Parteitag noch ins Zentralkomitee der SED, dem er bis 1970 angehören sollte.

Die ZK-Mitglieder hatten nicht viel zu sagen, und Kramer wurde nicht einmal Kandidat des SED-Polit-

Öffentlicher Auftritt des Verkehrsministers und Reichsbahn-Generaldirektors: Am 29. Juni 1968 durchschneidet Erwin Kramer (M.) auf dem Güterbahnhof Dresden-Neustadt das weiße Band für den ersten Containerzug nach Berlin Frankfurter Allee – Rostock Überseehafen
Historische Slg. der DB

Würdigung im Betriebsmaschinendienst: Dampflok 03 1087 erhielt den Ehrennamen „Erwin Kramer"
Historische Slg. der DB

büros. Obwohl mit Walter Ulbricht vertraut, blieb es nicht aus, dass ihm manches übel genommen wurde, wie 1949 eine Fahrt in den französischen Sektor von Berlin, 1952 unter anderem die Missachtung von Regierungsanordnungen. Bei diesen Vergehen wusste Kramer jeweils zwischen Wichtigem und Unwichtigem zu unterscheiden.

Zugute kam ihm außerdem, dass er Weitsicht besaß und unter den Eisenbahnern Autorität genoss. Er förderte eine Reihe von Ideen, wie den Umbau der Dampflokomotiven auf Kohlenstaubfeuerung nach der Bauart Wendler, die Gattungsbereinigung der Lokomotiven, den Dispatcherdienst, Doppelstockwagen, Spurwechselradsätze für Wagen, die in die UdSSR liefen.

Erwin Kramer und der Außenring

Nachdem er von der Südostallee nach Altglienicke umgezogen war, konnte Kramer ganz nah den Bau und des Berliner Außenrings verfolgen. An Wochenenden stapfte er in Gummistiefeln zu den Baustellen und mischte sich unter die Arbeiter. Die Begegnungen seien ein Erlebnis gewesen und seine Reden Feuer und Funke, Blitze und Sarkasmus.

In der Wohnung (mit fünf Fernsprechern, davon vier im Schlafzimmer!) lief er unstetig umher, grübelte und brütete Ideen aus, die er am folgenden Tag seinen Mitarbeitern als Aufgaben für Projekte stellte. Mit Friedrich Nüsken, Chefstatiker des VEB Waggonbau Görlitz, und Alfred Grevesmühl, Abteilungsleiter im Technischen Zentralamt, erhielt er 1958 den Nationalpreis für Wissenschaft und Technik II. Klasse. Mit vielen anderen Auszeichnungen, auch dem Ehrendoktor der Verkehrshochschule in Žilina, wurde sein Schaffen gewürdigt.

Das dürfte auch eine Anerkennung für Kramers letztlich linientreue Haltung gewesen sein. Er gehörte zu den wenigen Vertrauten, die mit Ulbricht 1961 nach Moskau flogen, um dort die Abriegelung der Grenze nach West-Berlin zu besprechen. Bei höchster Geheimhaltung bereitete Kramer den Verkehr auf den Mauerbau vor und wirkte nach ihm vorbildlich – in den Augen der führenden Genossen im SED-Zentralkomitee.

Als 68-Jähriger bat er am 14. Dezember 1970, ihn wegen seines „angegriffenen Gesundheitszustandes und seines Alters" von der Funktion des Ministers zu entbinden. Auch das Amt des Generaldirektors gab er ab. Das Thema Eisenbahn ließ ihn nicht los. Mit einer Arbeitsgruppe verfasste er in den folgenden Jahren das Buch „Die Entwicklung des Verkehrswesens in der DDR" (erschienen 1978) und entwickelte Ideen für den Eisenbahnbetrieb, vor allem in und um Berlin. Gemeint war damit die Hauptstadt der DDR, also Ost-Berlin; an eine Wiedervereinigung dachte der Parteiveteran nicht. Am 10. November 1979 ist Erwin Kramer, mitten in der Arbeit stehend, gestorben.

Erich Preuss/GM

Rostock im Norden ist ein zentraler Knotenpunkt auf dem Weg Richtung Ostsee. Ende der 60er-Jahre hält hier eine Rekodampflok der Baureihe 03.10 mit einem Schnellzug aus Stralsund; die Diesellok V 100 rechts wird ihren Doppelstockzug nach Warnemünde bringen
Hans van Engelen/Slg. Rudolf Heym

Die Großen – die Kleinen

Die Reichsbahn ist das wichtigste Transportmittel im Personenverkehr. Und mit der Reichsbahn verreisen heißt Reichsbahn-Bahnhöfe kennen lernen: Länderbahn-Architektur, majestätische Bauten oder auch behelfsmäßige Hütten

In Kyritz treffen sich Normal- und Schmalspurstrecken der ehemaligen West- und Ostprignitzer Kreisbahnen. Auf Normalspur pausiert die örtliche Rangier-Kleinlok am Güterschuppen, während die 750-Millimeter-Lok 99 593 mit P 4437 ausfährt. Hinter den Schmalspurwagen versteckt sich im Sommer 1968 noch ein Reisezug
Alfred Luft

Kleiner kann ein Abzweigbahnhof nicht sein: In Vettin, an der 750-Millimeter-Strecke Lindenberg – Pritzwalk, zweigt die Stichstrecke nach Kyritz ab. Vor dem Dienstgebäude wartet ein Wismarer Schienenbus (bei der DR VT 133) auf Weiterfahrt
Heinrich/Slg. Dirk Winkler

Hochbetrieb in Leipzig Hbf im Oktober 1963: Links eine 01 mit Altbaukessel vor einem Eilzug, rechts die Reko-Lok 01 501 vor einem Schnellzug. In diesem läuft außer dem Gepäckwagen auch ein Doppelstockgliederzug
Hein/Histor. Slg. der DB

So sieht er aus, der zeitgemäße Bahnhof der Eisenbahn in Volkes Hand. Die Verkleidung von Halle (Saale) Hbf repräsentiert auch ein wenig vom angestrebten „Weltniveau". Rechts oben am Empfangsgebäude ein Hinweis auf den 20. Jahrestag der Gründung der DDR
Slg. Gert Schütze

oben: Berlin Ostbahnhof ist der inoffizielle Hauptbahnhof der „Hauptstadt der DDR“: Im Juni 1968 zeigt sich Dampflok 01 084 mit einem Schnellzug vor den mächtigen Bahnhofshallen und am Brückenstellwerk B1
Alfred Luft

rechts: „Mit Wort und Tat erfüllen wir das Vermächtnis von Karl Marx“ erklärt das Banner am sehr städtisch wirkenden „Hauptbahnhof“ der schmalspurigen Spreewaldbahn in Cottbus. Ganz unpolitisch hat Dampflok 99 5706 mit ihrem Zug die Reisenden ans Ziel gebracht
Harald Navé/Slg. Alfred Luft

rechts unten: Altenkirchen auf Rügen ist der nördlichste Bahnhof der DR – und im Laufe der Zeit ein Sorgenfall. Im Jahr 1960 beklagen sich Eisenbahner in der DR-Wochenzeitung „Fahrt frei“ über die schlechten Zustände vor Ort; Holzbohlen würden zur Falle für die Absätze von Frauenschuhen, und die Lichtversorgung geschehe improvisiert mittels eines Fahrraddynamos oder eines Motorrads ...
Slg. Wolf-Dietger Machel

ganz rechts unten: „Schnell einen Blick in den Fahrkartenschalter des Bahnhofs Friedrichstraße in Berlin. Im Vordergrund sind zwei moderne Fahrkartendruckmaschinen zu sehen, die in kürzester Zeit die verschiedenen Fahrbelege drucken.“ So der Text zu dem Motiv aus einer DR-Bildserie 1959
Slg. Dr. Daniel Hörnemann

995706

Der Berliner Außenring

Um den Bahnbetrieb von West-Berliner Strecken abzukoppeln, unternahm die Reichsbahn besonders in den 50er-Jahren große Anstrengungen. Teils mit vorhandenen, teils mit neuen Strecken entstand der Berliner Außenring

Berlin war nach 1945 Viermächtestadt und Spielball im politischen Interessenkonflikt der Siegermächte des Zweiten Weltkrieges. Ab 1946 verschärften sich die Spannungen und der einsetzende Kalte Krieg zeigte zunehmend Auswirkungen auf das Leben der Großstadt. Die Eisenbahn, in jenen Jahren noch Hauptverkehrsträger und Schlagader für die Versorgung der Stadt, wurde zunehmend zum Druckmittel im politischen Spiel. Das betraf insbesondere den Westteil; nach dem Willen der sowjetischen Machthaber und der DDR-Führung sollten die westlichen Sektoren im Bahnbetrieb umgangen werden.

Dabei konnte man auf vorhandene Ansätze aufbauen. Zur Entlastung der Berliner Ringbahn war zwischen 1902 und 1941 der Güteraußenring (GAR) entstanden, der vornehmlich dem Güterverkehr, im westlichen Abschnitt auch dem Personenverkehr diente. Ab 1938 wurde der südöstliche Streckenabschnitt Teltow – Friedrichsfelde-Ost – Karow zunächst eingleisig und in provisorischer Ausführung erbaut. Die unzureichenden Streckenverhältnisse nach dem Krieg auf der ehemaligen Dresdener Bahn veranlassten die Reichsbahn dazu, ab 1946/47 in zunehmendem Maße diesen Abschnitt für den Personenverkehr nach Berlin zu nutzen. Zudem hatte man etliche Zugleistungen auf die Stadtbahnstrecke umgeleitet, so ab Spätsommer 1946 die Fernzüge der Magdeburger Strecke wie auch der Anhalter- und Dresdener Bahn.

Nicht weit von der Baustelle des Nördlichen Außenrings wurden die Bauarbeiter der Reichsbahn-Bau-Union in einem Wohnzug einquartiert (bei Karow, Sept. 1952)
W. Stephan/Histor. Slg. DB

Erste Umgehungen des Westteils

Eine erste Maßnahme zur Umgehung der West-Berliner Strecken war die Anbindung der Berlin-Magdeburger Bahn am 15. Juni 1946 an die westlich Berlins gelegene Umgehungsbahn. Damit konnte man den Güterverkehr zum Bahnhof Seddin führen. Des weiteren wurde am 4. Mai 1947 die Görlitzer Bahn mit der Verbindungskurve Grünau-Adlergestell an den Güteraußenring angeschlossen. Weiterhin nahm man die Verbindung von Schlesischer- und Ostbahn zwischen Rummelsburg und Kaulsdorf wieder in Betrieb.

All diese Aktivitäten blieben jedoch Notlösungen, da weder die Umgehungsbahn noch der GAR den ge-

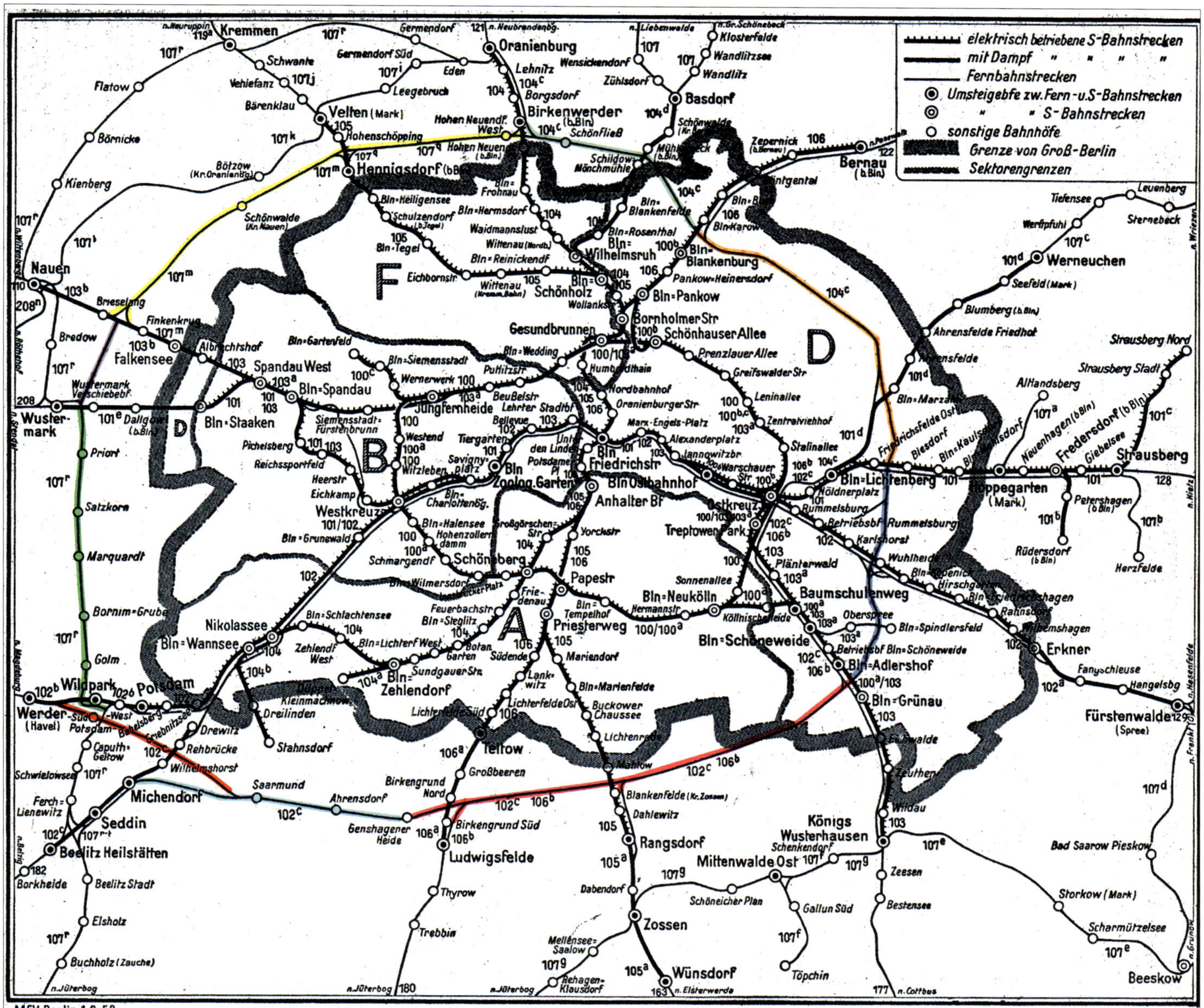

Der Berliner Außenring mit den einzelnen Bauabschnitten und den integrierten, bereits vorhandenen Strecken
Slg. Andreas Knipping, Bearbeitung: Paul Krones

samten auf Berlin zuflutenden Verkehr aufnehmen und umleiten konnten. Die eingleisige Streckenführung als Nebenbahn mit wenigen Kreuzungsmöglichkeiten erschwerten den Betrieb. Zudem führte ein Teil des GAR durch West-Berliner Gebiet, so dass hierfür eine andere Lösung gesucht wurde. Man legte fest, Teile der Neukölln-Mittenwalder-Eisenbahn (NME) sowie der Töpchiner Kleinbahn für den Fernverkehr zu nutzen und an die Berlin-Dresdener-Bahn anzubinden. Eine vom Militär 1944 begonnene Erweiterung der NME von Schöneicher Plan nach Zossen wurde 1947 fortgeführt und am 3. Januar 1949 mit der Vollendung des Abschnittes Dabendorf Süd – Zossen abgeschlossen. Die bereits bestehende Verbindungskurve zwischen den Bahnhöfen Schönefeld (Kr Teltow) und Schönefeld (GAR) wurde wieder in Betrieb genommen. Knapp zwölf Monate später, am 7. Dezember 1949, wurde die Verbindung zwischen den Bahnhöfen Schöneicher Plan und Mittenwalde-Ost dem Verkehr übergeben. Damit war die Voraussetzung geschaffen, einen Teil des Fernverkehrs von der Dresdener-Bahn auf Ost-Berliner Gebiet umzuleiten.

Zusätzlich wurde 1948 unter Leitung eines sowjetischen Baustabes damit begonnen, einen „Nördlichen GAR“ zwischen Karow, Basdorf und Oranienburg/Fichtengrund zu bauen, um auch dort West-Berlin besser umfahren zu können. Dieser Abschnitt ging am 6. Mai 1950 in Betrieb, nachdem zuvor ab 1. April 1950 die Verbindung zwischen Karow und Springpfuhl freigegeben wurde. Damit war die Umfahrung West-Berlins im nördlichen Abschnitt von der Stettiner Bahn wie auch von der Strecke aus Richtung Rostock möglich, wenn auch nur auf einem vorerst eingleisigen Abschnitt. Als zusätzliche Entlastungsstrecke entstand die Verbindung Velten – Oranienburg, die am 25. Februar 1951 für den Betrieb eröffnet wurde.

Politische Triebkräfte

Die Berlin-Blockade 1948/49 zeigte deutlich die diffizile Lage der Eisenbahn in und um Berlin. Als im Mai/Juni 1949 West-Berliner Reichsbahner für die Auszahlung ihres Lohns in der neu geschaffenen D-

Eine V 180 und Doppelstockwagen bedienen im Mai 1963 als „Sputnik“-Zug den Ring rund um (West-)Berlin. Am Bahnsteig von Birkenwerder fahren sowohl die „Sputniks“ als auch Elektrotriebwagen der Berliner S-Bahn ab
Alfred Schulz/Historische Slg. der DB

Im Oktober 1967 ist 38 3258 mit einem Personenzug bei Schönefeld unterwegs. Spätestens seit 1954 lief der Verkehr von und nach Ost-Berlin über den Außenring
Hornung/Slg. Dirk Winkler

Mark (statt der in der Sowjetischen Besatzungszone üblichen Ostmark) streikten, beschloss die sowjetische Seite endgültig, den Eisenbahnverkehr in ihrer Zone vom Territorium West-Berlins abzukoppeln.

Im August 1949 erging ein Befehl der Sowjetischen Militäradministration, der die „Umschaltung des Berliner Eisenbahnnetzes auf eine selbstständige und von den Westsektoren unabhängige Betriebsführung“ forderte. Die Generaldirektion der Deutschen Reichsbahn legte daraufhin im November 1949 ein Konzept zur Auflassung der West-Berliner Bahnbetriebswerke und der sich daraus ergebenden Änderung der Betriebsführung vor.

Mit den Lückenschlüssen im GAR erhielten ab Ende 1950 Bahnhöfe, die früher vornehmlich dem Nahverkehr gedient hatten, insbesondere Schöneweide und Lichtenberg, neue Aufgaben. Hinzu kam die gewandelte Bedeutung des Schlesischen Bahnhofs für den Verkehr zwischen Berlin und der DDR.

Nach dem Lückenschluss im Norden verfügte die DDR-Regierung mit dem „Gesetz zum Schutz des Innerdeutschen Handels“ zum 1. Mai 1950 Änderungen in der Betriebsführung des Güterverkehrs mit Berlin. So wurden Transportwege für Wagenladungen von der DDR nach Ost-Berlin sowie innerhalb der DDR vorgeschrieben, die eine Berührung des West-Berliner Stadtgebietes nicht mehr vorsahen. Weiterhin wurde das Erreichen von Bahnhöfen im östlichen Teil Berlins unter Nutzung von Strecken, die durch West-Berlin führten, untersagt.

Erste Etappe im Bau des Außenrings

Nicht zuletzt der vernachlässigte Oberbau und die unzureichende Streckenauslegung des GAR führten dazu, dass nach Abschluss der Bauarbeiten im Norden und Osten Berlins am 1. November 1950 mit dem Bau des Südlichen Berliner Außenringes (SAR) zwischen Ludwigsfelde und Eichgestell begonnen wurde. Er ging am 10. Juli 1951 nach sehr kurzer Bauzeit mit einer feierlichen Übergabe in Betrieb. Hintergrund für die Forcierung des Streckenbaus Genshagener Heide – Grünauer Kreuz waren sicher auch die bevorstehenden III. Weltfestspiele der Jugend und Studenten im August 1951 in Berlin und der damit verbundene Sonderzugverkehr, der nun um das West-Berliner Stadtgebiet herumgeleitet werden konnte. Im Herbst 1951 begannen daran anschließend die Arbeiten für den Nördlichen Berliner Außenring zwischen Karow und Birkenwerder, der am 25. November 1952 dem Betrieb übergeben wur-

Das Personal im Gleisbildstellwerk Schönefeld regelte den Betrieb auf einem Abschnitt des südlichen Außenrings (Foto vom Dezember 1955)
Wolfgang Stephan/ Historische Slg. der DB

de. Damit konnte man endgültig alle Züge aus der DDR um West-Berlin herum zu Bahnhöfen in Ost-Berlin leiten.

Ab Anfang 1951 gingen immer mehr Leistungen im Fernverkehr mit der DDR auf den Schlesischen Bahnhof über. Nur wenige Personen- und Fernpersonenzüge fuhren noch die einstigen großen Berliner Bahnhöfe an, doch waren auch deren Stunden gezählt. Nach Fertigstellung des Berliner Außenringes kam es 1952 zu mehreren Fahrplanwechseln, die letztendlich zum Ziel hatten, den gesamten Reise- und Güterverkehr aus West-Berlin herauszunehmen. Ein erster neuer Fahrplan erschien zum 6. Januar 1952. Noch einschneidender war der Fahrplanwechsel zum 18. Mai 1952, mit dem alle Fernpersonenzüge auf Bahnhöfe außerhalb West-Berlins verlegt wurden, so nach Baumschulenweg, Schöneweide und Potsdam. Nach Fertigstellung des Fernbahnsteiges in Lichtenberg übernahm dieser ab 5. Oktober 1952 ebenfalls Aufgaben im Fernpersonenverkehr. Der D-Zug-Verkehr wurde vornehmlich zum Ostbahnhof (vormals Schlesischer Bahnhof) verlegt. Die letzten beiden Berliner Kopfbahnhöfe, der Anhalter- und der Nord- (Stettiner-)Bahnhof, waren damit entbehrlich geworden; ihre Schließung folgte zum 17. Mai 1952. Ähnliche Änderungen betrafen den Güterverkehr von und nach West-Berlin, der auf einen reinen Transitverkehr zurückgenommen wurde.

Weiterer Ausbau und Sputnikzüge

In den Folgejahren setzte die Reichsbahn den Ausbau des Außenrings konsequent fort. 1953 eröffnete sie die Verbindungskurve Abzweig Karow West – Berlin-Blankenburg, den Rangierbahnhof Wuhlheide sowie das eingleisige Streckenstück Bergfelde – Brieselang.

Es folgten bis 1955 die Verbindungskurve Abzweig Karow West – Karow Nord, der zweigleisige Ausbau der ehemaligen Umgehungsbahn zwischen Saarmund und Genshagener Heide, die Verbindungskurven Hennigsdorf West – Hennigsdorf, Hennigsdorf Ost – Hennigsdorf, Hohen Neuendorf West – Birkenwerder sowie von Falkenhagen nach Finkenkrug und Brieselang. Bis Oktober 1955 entstanden der Streckenabschnitt Falkenhagen – Wustermark und die Verbindungskurven nach Wustermark-Rangierbahnhof und Wustermark, bis Dezember 1955 der Abschnitt Wustermark – Elstal. Letztes und anspruchsvollstes Teilstück war die Verbindung Saarmund – Golm mit Überquerung des Templiner Sees. Ende September 1956 war auch sie vollendet, ebenso die Verbindungskurve Potsdam Süd – Werder.

Dem Ringschluss folgte bis 1961 der Bau weiterer Verbindungskurven, so Nesselgrund Ost – Wilhelmshorst, Golm – Wildpark, Genshagener Heide – Birkengrund, Werder – Golm und Glasower Damm – Blankenfelde.

Spätestens seit dem Mauerbau im August 1961 war der Berliner Außenring (BAR) unerlässlich für den Verkehr von und nach Ost-Berlin. Schon 1958 hatte man über ihn verkehrende Personenzüge in den S-Bahn-Tarif einbezogen. Gerade der Ersatz für den nicht mehr möglichen S-Bahn-Verkehr mit Potsdam bescherte diesen Zügen eine besondere Bedeutung.

Der notdürftige Ausbau des Bahnhofs Karlshorst und die zunächst mit Dampf-, später mit Dieselloks verkehrenden Doppelstockzüge nach Potsdam mit ihrer fast um eine Stunde längeren Fahrzeit zeigten das ganze, politisch hervorgerufene Verkehrsdilemma. Zusätzliche Buslinien von den Bahnhöfen am BAR zu einst an die S-Bahn angebundene Gemeinden sollten die Anbindung an die Hauptstadt der DDR sicherstellen.

Insgesamt aber war der betriebliche Mehraufwand bei der Umgehung West-Berlins von nun an Fakt. Er sollte so auch während der gesamten Zeit der Berliner Teilung bestehen bleiben – bis nach dem Mauerfall 1989/1990.

Dirk Winkler/GM

DIE NEUE STRECKE ROSTOCK – NEUSTRELITZ

Magistrale zum Hafen

Der 1960 eingeweihte Überseehafen Rostock brauchte dringend eine leistungsfähige Schienenanbindung. Er erhielt sie mit der 1964 eröffneten Strecke Rostock – Neustrelitz

Nachdem das SED-Zentralkomitee beschlossen hatte, den Rostocker Hafen zum Überseehafen auszubauen, stand die Deutsche Reichsbahn vor einer Herausforderung. Sie sollte die Güter an- und abtransportieren, denn der von Walter Ulbricht zur Hafeneröffnung am 30. April 1960 avisierte Kanal wurde nicht gebaut. Auf der Schiene rechnete man mit 6,67 Millionen Tonnen Fracht pro Jahr.

Dabei stand die kürzeste Verbindung, die ehemalige Lloydbahn Rostock – Neustrelitz, nicht zur Verfügung. Sie hatte bis auf Reststücke von 1946 an als Reparationsleistung für die UdSSR abgebaut werden müssen. Nun galt es, sie wieder aufzubauen und um den Abschnitt Hafenbahnhof – Kavelstorf zu ergänzen. Dazu sollte die Nebenbahn Rostock – Laage – Güstrow bis Plaaz benutzt werden und über Vogelsang – Langhagen – Vielist ein Neubau entstehen; dieser war von Lalendorf bis Waren ein Wiederaufbau, danach bis Neustrelitz ein Neubau nahe der alten Trasse.

Bau und Inbetriebnahme

Im Februar 1958 begann der Wiederaufbau der Strecke zwischen Langhagen und Lalendorf. Der Bedarf für 1959 wurde auf 145.000 Tonnen Baumaterial bzw. ungefähr 193 Züge geschätzt. Vom 1. April 1959 an mussten täglich 100 Wagen, vom 1. Mai an täglich 150 Wagen verladen werden. Als genügend Leerwagen zur Verfügung standen, richtete die Reichsbahn fünf Pendelzüge zu je 30 Wagen ein. Sie baute mit mehr als 500 Kräften ihres Baubetriebes, davon 200 Strafgefangenen aus der berüchtigten Haftanstalt Dreibergen bei Bützow. Am 30. Mai 1964 eröffnete die DR die Strecke Rostock – Neustrelitz; mit Inbetriebnahme des Abschnitts Laage – Scharstorf am 20. September 1967 wurde der Bau der Magistrale offiziell für beendet erklärt.

Die neue Abfuhrstrecke Rostock – Berlin war 243 Kilometer lang und konnte mit 120 km/h sowie 21 Tonnen Achslast befahren werden. Der Bahnkörper der Strecke vom Hafenbahnhof Rostock bis Neustrelitz war für zwei Gleise eingerichtet, vorerst lag aber nur ein Gleis. Die Verbindung war die teuerste, aber technisch modernste und im Verhältnis Verkehrsleistung/ Personalaufwand rentabelste Strecke der Reichsbahn. Das Bahnbetriebswerk Neustrelitz stellte die Loks für die meisten Züge aus dem Hafen und wurde nach der Umstellung auf Dieseltraktion neu gebaut.

Mit dem automatischen Streckenblock war Rostock – Neustrelitz etwas unerhört Neues! Dieser sollte helfen, den dichten Zugverkehr auf nur eingleisiger Strecke zu bewältigen. Am 13. Februar 1968 ordnete Verkehrsminister Erwin Kramer außerdem an, zum 20. Jahrestag der DDR am 7. Oktober 1969 den Abschnitt Kavelstorf – Laage – Langhagen (– Waren) in Fernsteuerung zu betreiben. Auf 64 Kilometern Länge mit 13 Betriebsstellen sollte ein Streckenfahrdienstleiter den Zugverkehr regeln und die Funktion des Kreisdispatchers ausüben. Am 26. September 1969 ging die geforderte Streckenfernsteuerung in Betrieb. Zwei Streckenfahrdienstleiter bedienten vom Zentralstellwerk Rostock Hbf aus 14 Bahnhöfe. Doch erst Anfang 1970 konnte die DR Personal einsparen.

Am 15. März 1971 wurde der Abschnitt Waren (Müritz) – Neustrelitz zugeschaltet, so dass von Rostock aus 117 Kilometer Strecke und 18 Bahnhöfe gesteuert und von 1972 an insgesamt 30 Fahrdienstleiter eingespart wurden. In Waren (Müritz) blieb eine Lücke wegen technischer Probleme. Sie sollte erst 1984 überwunden werden.

Erich Preuss

Am 18. Mai 1961 wird die Strecke Neustrelitz – Waren eingeweiht. Sie entstand als Neubau nahe der alten Trasse, die nach dem Zweiten Weltkrieg als Reparation abgebaut worden war
Alfred Schulz/Historische Slg. der DB

Adam und Aljoscha

Anfang der 60er-Jahre war Erich Preuß Dienstvorsteher im Reichsbahnamtsbezirk Bautzen. Zu seinen Pflichten gehörte der Besuch der Seminare, der regelmäßigen Dienstberatungen in Görlitz. Mit dabei waren die Politischen Leiter

Erich Preuß (1940–2014) arbeitete unter anderem im Betriebs- und Verkehrsdienst der Deutschen Reichsbahn. Außerdem durchlief er ein Ingenieursstudium für Eisenbahnverkehrs- und Betriebstechnik sowie ein Jurastudium. Er hat zahlreiche Bücher und Beiträge zur Deutschen Reichsbahn verfasst; daneben war er Mitherausgeber des Sammelwerks „Das war die DR"
Personenfoto: privat

Allmonatlich erschienen die Dienstvorsteher von rund 60 Bahnhöfen des Reichsbahnamtsbezirkes Bautzen zum so genannten Seminar in Görlitz. Das Seminar war eigentlich eine Dienstberatung, in der die Betriebslage ausgewertet wurde und die Leiter der Bahnhöfe wichtige Neuerungen erklärt bekamen. Die Chefs saßen an zwei langen Tafeln, meist waren es mit allen Wassern gewaschene Eisenbahner. Vor ihnen stand der Tisch für das „Präsidium", zu dem der Amtsvorstand, der Betriebsleiter und der Leiter der Politischen Abteilung beim Reichsbahnamt gehörten.

1952 waren auf Beschluss des SED-Zentralkomitees auch bei der Deutschen Reichsbahn die Politischen Organe gebildet worden, die neben den SED-Betriebsparteiorganisationen das politisch-ideologische Regiment führten. Zumindest in den ersten zehn Jahren rekrutierten sich der Mitglieder der Organe aus der Partei ergebenen Genossen, die mit geistigen Gütern nicht gerade reichlich gesegnet waren. Der Stellwerkswärter lief plötzlich als Oberinspektor herum, wenn nicht mit höheren Dienstgraden dekoriert und auch entsprechend bezahlt. Gegenüber den erfahrenen Eisenbahnern gaben sie sich oft poltrig und drohend, wiesen barsch eine Meinung zurück, die mit ihrer nicht im Einklang stand, ließen den qualifizierten Fachmann wie einen dummen Jungen erscheinen. Sympathisch war keiner von ihnen.

Warten auf den Politleiter

Ein wenig Mitleid empfand man, wenn sie plötzlich ihre Schwächen offenbarten. So eines Tages, als das Dienstvorsteher-Seminar verspätet begann, weil wir auf den Politleiter Max Adam gewartet hatten. Der Stuhl blieb leer. Mitten in den Ausführungen des Amtsvorstandes Kurt Gerhardt reichte jemand einen Zettel auf den Tisch, worauf Gerhardt erbleichte. Adam erschien an diesem Tag nicht mehr. Erst anderentags erfuhren wir, was vorgefallen war.

Der uniformierte Politleiter hatte sich im Kaufhaus Schokoladen-Osterhasen eingesteckt, ohne an das Bezahlen zu denken. Eine Verkäuferin hatte das beobachtet und ging ihm nach bis zum nächsten Geschäft, wo Adam wieder die Osterhasen nahm, aber nicht zur Kasse ging. Sie rief die Polizei, die den Genossen Politleiter festnahm. Ein Parteiverfahren folgte; er wurde aus der Partei ausgeschlossen. Das Bahnbetriebswerk Bautzen beschäftigte ihn als Hofmeister. Ich sah ihn später an einer Unfallstelle, als er für die Hilfszugmannschaft Zigarren verteilte.

Sein Nachfolger war von anderem Kaliber: Friedrich Wilhelm Anders, Lehrling auf dem Bahnhof Lohsa, besuchte für kurze Zeit die Arbeiter-und-Bauern-Fakultät und studierte an der Fachschule in Gotha. Dort brauchte er willige Helfer, die ihn über die Hürden der Prüfungen hoben. Zum Schluss war er Ingenieur, besaß allerdings keinerlei praktische Erfahrungen vom Eisenbahnbetrieb und -verkehr. In der Politischen Abteilung war er als Jugendinstrukteur willkommen.

Von uns Lehrlingen wurde er nur Aljoscha genannt, bis er Leiter der Politischen Abteilung wurde. Überwältigt von diesem Aufstieg mischte er sich überall ein. Seine Vorliebe waren Tribunale („Aussprachen"), wenn irgendwo etwas nicht wie gewünscht gelaufen war oder ein Leiter sich eine Kleinigkeit hatte zu Schulden kommen lassen. Scharfzüngige Reden und Verachtung für sein Gegenüber waren sein Markenzeichen. Niemand konnte von ihm Verständnis für die Probleme eines Dienstvorstehers erwarten; ein vertrauensvolles Gespräch mit ihm war undenkbar.

Sonderfall Westbesuch

Gegenüber der Politischen Abteilung bei der Reichsbahndirektion Cottbus stellte er sich im besten Licht dar und wurde auch mehrfach ausgezeichnet.

In Ungnade fiel er, nachdem er in Bautzen seine Frau zu einer Reise in den Westen verabschiedet hatte. Erst danach berichtete er dem Politleiter in Cottbus, dass sie zu den Westverwandten unterwegs sei. Das war ein Vertrauensbruch und gegen die Regeln – die Verwandtschaft war bekannt und man erwartete, dass die Genehmigung zur Reise vorher eingeholt wurde; so hätte man die Reiselustige vom Besuch beim Klassenfeind abhalten können. Statt dessen hatte Anders vollendete Tatsachen geschaffen.

Als Polit-Leiter war er damit unmöglich geworden, aber Genosse blieb er. Er wurde als Leiter der Fahrkartendruckerei nach Dresden versetzt, was ihm nicht bekam und ihn zum Trinker werden ließ. Im Alter von 54 Jahren starb er 1988. Der Nachruf würdigte, dass er seine Kraft für die Stärkung der DDR eingesetzt habe ...

Erich Preuss

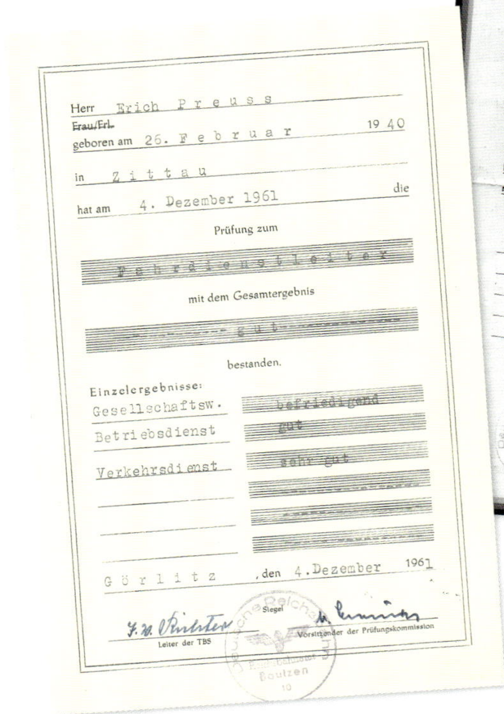

Herr Erich Preuss
~~Frau/Frl.~~
geboren am 26. Februar 1940
in Zittau
hat am 4. Dezember 1961 die
Prüfung zum
Fahrdienstleiter
mit dem Gesamtergebnis
gut
bestanden.

Einzelergebnisse:

Gesellschaftsw.	befriedigend
Betriebsdienst	gut
Verkehrsdienst	sehr gut

Görlitz, den 4. Dezember 1961

Leiter der TBS — Siegel — Vorsitzender der Prüfungskommission

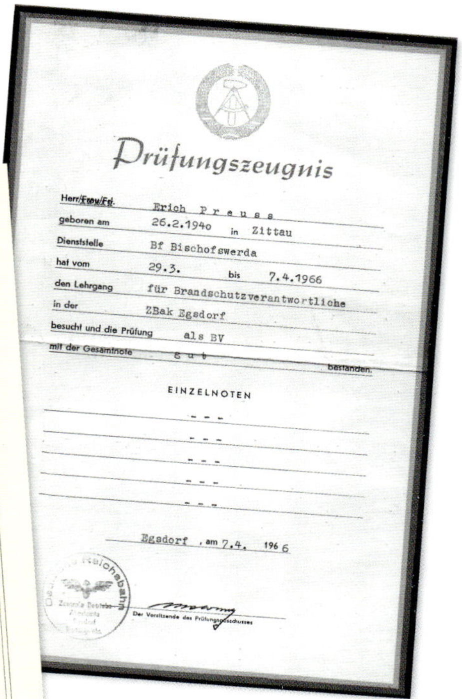

Prüfungszeugnis

Herr/~~Frau/Frl.~~ Erich Preuss
geboren am 26.2.1940 in Zittau
Dienststelle Bf Bischofswerda
hat vom 29.3. bis 7.4.1966
den Lehrgang für Brandschutzverantwortliche
in der ZBak Egsdorf
besucht und die Prüfung als BV
mit der Gesamtnote gut
bestanden.

EINZELNOTEN

- - -
- - -
- - -
- - -
- - -

Egsdorf, am 7.4. 1966

Der Vorsitzende des Prüfungsausschusses

Slg. Erich Preuß (2)

Eine Rekolok der Baureihe 03 steht 1969 mit Doppelstockwagen im Bahnhof Bautzen bereit. Im Ostflügel des Bahnhofsgebäudes und in einer nahe gelegenen Villa hatte das Reichsbahnamt seinen Sitz. Erich Preuß war bis 1967 in diesem Bezirk beschäftigt Hans van Engelen/Slg. Rudolf Heym

Fremde Freunde

Offiziell waren sie Bruderstaaten in unverbrüchlicher Freundschaft, allerdings hielt der Alltag von DDR und UdSSR mit diesem Anspruch häufig nicht mit. Bei der Eisenbahn bediente sich die sowjetische Armee fast in Siegermanier

Allmonatlich erschienen die Dienstvorsteher von rund 60 Bahnhöfen des Reichsbahnamtsbezirkes Bautzen zum so genannten Seminar in Görlitz. Das Seminar war eigentlich eine Dienstberatung, in der die Betriebslage ausgewertet wurde und die Leiter der Bahnhöfe wichtige Neuerungen erklärt bekamen. Die Chefs saßen an zwei langen Tafeln, meist waren es mit allen Wassern gewaschene Eisenbahner. Vor ihnen stand der Tisch für das „Präsidium", zu dem der Amtsvorstand, der Betriebsleiter und der Leiter der Politischen Abteilung beim Reichsbahnamt gehörten.

1952 waren auf Beschluss des SED-Zentralkomitees auch bei der Deutschen Reichsbahn die Politischen Organe gebildet worden, die neben den SED-Betriebsparteiorganisationen das politisch-ideologische Regiment führten. Zumindest in den ersten zehn Jahren rekrutierten sich der Mitglieder der Organe aus der Partei ergebenen Genossen, die mit geistigen Gütern nicht gerade reichlich gesegnet waren. Der Stellwerkswärter lief plötzlich als Oberinspektor herum, wenn nicht mit höheren Dienstgraden dekoriert und auch entsprechend bezahlt. Gegenüber den erfahrenen Eisenbahnern gaben sie sich oft poltrig und drohend, wiesen barsch eine Meinung zurück, die mit ihrer nicht im Einklang stand, ließen den qualifizierten Fachmann wie einen dummen Jungen erscheinen. Sympathisch war keiner von ihnen.

Warten auf den Politleiter

Ein wenig Mitleid empfand man, wenn sie plötzlich ihre Schwächen offenbarten. So eines Tages, als das Dienstvorsteher-Seminar verspätet begann, weil wir auf den Politleiter Max Adam gewartet hatten. Der Stuhl blieb leer. Mitten in den Ausführungen des Amtsvorstandes Kurt Gerhardt reichte jemand einen Zettel auf den Tisch, worauf Gerhardt erbleichte. Adam erschien an diesem Tag nicht mehr. Erst anderentags erfuhren wir, was vorgefallen war.

Der uniformierte Politleiter hatte sich im Kaufhaus Schokoladen-Osterhasen eingesteckt, ohne an das Bezahlen zu denken. Eine Verkäuferin hatte das beobachtet und ging ihm nach bis zum nächsten Geschäft, wo Adam wieder die Osterhasen nahm, aber nicht zur Kasse ging. Sie rief die Polizei, die den Genossen Politleiter festnahm. Ein Parteiverfahren folgte; er wurde aus der Partei ausgeschlossen. Das Bahnbetriebswerk Bautzen beschäftigte ihn als Hofmeister. Ich sah ihn später an einer Unfallstelle, als er für die Hilfszugmannschaft Zigarren verteilte.

Sein Nachfolger war von anderem Kaliber: Friedrich Wilhelm Anders, Lehrling auf dem Bahnhof Lohsa, besuchte für kurze Zeit die Arbeiter-und-Bauern-Fakultät und studierte an der Fachschule in Gotha. Dort brauchte er willige Helfer, die ihn über die Hürden der Prüfungen hoben. Zum Schluss war er Ingenieur, besaß allerdings keinerlei praktische Erfahrungen vom Eisenbahnbetrieb und -verkehr. In der Politischen Abteilung war er als Jugendinstrukteur willkommen.

Von uns Lehrlingen wurde er nur Aljoscha genannt, bis er Leiter der Politischen Abteilung wurde. Überwältigt von diesem Aufstieg mischte er sich überall ein. Seine Vorliebe waren Tribunale („Aussprachen"), wenn irgendwo etwas nicht wie gewünscht gelaufen war oder ein Leiter sich eine Kleinigkeit hatte zu Schulden kommen lassen. Scharfzüngige Reden und Verachtung für sein Gegenüber waren sein Markenzeichen. Niemand konnte von ihm Verständnis für die Probleme eines Dienstvorstehers erwarten; ein vertrauensvolles Gespräch mit ihm war undenkbar.

Im Sommer 1968 schleppt 58 1639 einen Güterzug bei Wandersleben, in den auch Flachwagen mit Panzern des Typs T 55 eingereiht sind. Solche Panzer gab es bei der sowjetischen Armee wie bei der Nationalen Volksarmee; die von der UdSSR für ihre Transporte beanspruchten Flachwagen verschärften regelmäßig die Wagen-Engpässe bei der Reichsbahn
Alfred Luft

Sonderfall Westbesuch

Gegenüber der Politischen Abteilung bei der Reichsbahndirektion Cottbus stellte er sich im besten Licht dar und wurde auch mehrfach ausgezeichnet.

In Ungnade fiel er, nachdem er in Bautzen seine Frau zu einer Reise in den Westen verabschiedet hatte. Erst danach berichtete er dem Politleiter in Cottbus, dass sie zu den Westverwandten unterwegs sei. Das war ein Vertrauensbruch und gegen die Regeln – die Verwandtschaft war bekannt und man erwartete, dass die Genehmigung zur Reise vorher eingeholt wurde; so hätte man die Reiselustige vom Besuch beim Klassenfeind abhalten können. Statt dessen hatte Anders vollendete Tatsachen geschaffen.

Als Polit-Leiter war er damit unmöglich geworden, aber Genosse blieb er. Er wurde als Leiter der Fahrkartendruckerei nach Dresden versetzt, was ihm nicht bekam und ihn zum Trinker werden ließ. Im Alter von 54 Jahren starb er 1988. Der Nachruf würdigte, dass er seine Kraft für die Stärkung der DDR eingesetzt habe ...

Erich Preuss

Neuer Industriekomplex

Auf Beschluss des Ministerrats wurde Ende der 50er-Jahre die Region um Schwarze Pumpe zum großflächigen Kohletagebaugebiet. Die bisher vernachlässigte Region stieg zum wichtigen Eisenbahnstandort auf

Als der Ministerrat der DDR am 23. Juni 1955 beschloss, in drei Baustufen das Kombinat Schwarze Pumpe und die „zweite sozialistische Wohnstadt" in Hoyerswerda zu bauen sowie bei Hoyerswerda drei Braunkohlentagebaue zu erschließen, ahnte man im Reichsbahnamt Bautzen schon, dass von der Deutschen Reichsbahn einiges verlangt wird. Aber man machte sich wohl kaum eine Vorstellung davon, welche Dimensionen der Kohlenversand erreichen werde.

Ein Industriekomplex entsteht

Das Gebiet zwischen Spremberg und Hoyerswerda war bislang eine öde Heidelandschaft mit Kohlengruben sowie dem Kraftwerk in Trattendorf – für die Eisenbahn eine Region ohne nennenswerte Bedeutung. Vom Bahnhof Bluno an der Nebenbahn Hoyerswerda – Neupetershain führte eine Anschlussbahn zur Brikettfabrik Spreetal. Nun aber wurde der Ort Schwarze Pumpe (der Name leitete sich von einer historischen Gaststätte an der Fernverkehrsstraße 97 ab) als großer Industriekomplex aus dem Boden gestampft; es entstanden eine Kohlenförderung, ein Kraftwerk, eine Brikettfabrik und ein Gaswerk. Bauarbeiter und die Beschäftigten des im Aufbau befindlichen Kombinats wurden aus allen Teilen der DDR mit der Zusage einer Neubauwohnung, gutem Verdienst und sozialen Wohltaten gelockt.

Das Reichsbahnamt Bautzen hatte nun für den immer stärker werdenden Eisenbahnbetrieb zu sorgen. Vor allem musste es Eisenbahner gewinnen, die samt Familie in diese Einöde umziehen wollten und bereit waren, zumindest in den ersten Jahren Entbehrungen mit Behelfsunterkünften, 16-Stunden-Dienst und fehlendem Trinkwasser auf sich zu nehmen. Das ging nicht ohne zeitweise Abordnungen ab. In den sorbischen Dörfern wurden vornehmlich Frauen geworben, die sich die Kenntnis von Güterabfertigung und Wagendienst erst aneignen mussten.

Im September 1955 laufen die Arbeiten zum Aufbau des Kombinats Schwarze Pumpe. Die Reichsbahn stellt dafür unter anderem einen Arbeitszug mit einer preußischen T 13 (Baureihe 92)
Bundesarchiv/Bild 183-ADN

Der neue Bahnhof Schwarze Pumpe, hier im Mai 1962 aufgenommen, besaß zwar recht großzügige Bahnsteige. Der Berufsverkehr im Kombinat wurde später aber eher mit Bussen statt auf der Schiene organisiert
Alfred Schulz/Historische Slg. der DB

Neue Bahnanlagen

Nachdem 1960 der Abschnitt Bluno – Neupetershain stillgelegt worden war, konnte die neue Strecke Spreewitz – Schwarze Pumpe – Sabrodt – Bahnsdorf mit den Abzweigungen nach Bluno gebaut werden. Der Bahnhof Spreewitz wurde zum Eingangstor in das Kombinat, wo eine Rangieranlage entstand, Ordnungsgruppe genannt. Über diesen Bahnhof kamen von und nach Hoyerswerda die Züge mit Leerwagen, Baustoffen und Industrieausrüstungen, in der Gegenrichtung die mit Brikett, in Spitzenzeiten bis zu 16.000 Tonnen täglich. Der Bahnhof Spreewitz erhielt zwei Stellwerke der Bauform Relais 51. 1964 ging das Gleisbildstellwerk der Bauform GS II DR in Betrieb, von dem aus auch die drei Kilometer vom Stellwerk entfernt gelegenen Abzweigstellen Spreewitz Nord und Spreewitz Süd bedient wurden. Durch sie bestand vom 24. Mai 1963 an eine neue Verbindung zwischen (Spremberg –) Graustein und Weißkollm (– Hoyerswerda), so dass die Kohlenversandbahnhöfe Spreewitz und Sabrodt aus drei Richtungen Leerwagen erhalten konnten.

Der Bahnhof Schwarze Pumpe erhielt ein großartiges Bahnhofsgebäude, war Sitz der Dienststellen- und Bahnhofsdispatcherleitung, hatte aber nur bis 1968 ein wenig Berufsverkehr. Hauptsächlich wurden die Werktätigen mit Bussen von Hoyerswerda und Spremberg ins Kombinat gebracht.

Großversand aus Sabrodt

Der Bahnhof Sabrodt wurde zum größten Kohlenversandbahnhof der DDR mit täglich bis zu 30.000 Tonnen Sieb- oder Rohbraunkohlen, die hauptsächlich zu den Kraftwerken gefahren wurden. Und er wurde zum Sorgenkind der Deutschen Reichsbahn. Der Dienst der Eisenbahner wie Wagenmeister, Wagendienst, Frachtenrechner spielten sich Tür an Tür mit den – viel besser bezahlten – Beschäftigten des Kombinats in einer Steinbaracke ab. Für den Fahrdienstleiter und Weichenwärter standen einfache Holzbuden neben den Gleisen. Sie sprangen zu den ortsbedienten Weichen und anschließend zum Schlüsselwerk in der Bude, um die Zugfahrten zuzulassen. Eigentlich besaß die Deutsche Reichsbahn

Im November 1957 besuchte ein Fotograf der Zentralen Bildstelle der Deutschen Reichsbahn die Baustelle Schwarze Pumpe und hielt den Stand der Arbeiten im Bild fest. Neu gebaut wurde unter anderem die Strecke Spreewitz – Schwarze Pumpe – Sabrodt – Bahnsdorf
Arnhold/Histor. Slg. der DB

in Sabrodt nur zwei Hauptgleise; die meisten Fahrten führten zu den Werkgleisen an der Siebanlage, so dass der Fahrdienstleiter vom Kollegen des Kombinats abhängig war. Drei Jahre mussten der Fahrdienstleiter und der Weichenwärter unter primitiven Umständen arbeiten, bis 1961 das Gleisbildstellwerk der Bauform GS II DR mit zwei Stelltischen für den Fahrdienstleiter und den Stellwerkswärter in Betrieb ging.

Die Probleme im Güterverkehr blieben. Das war in erster Linie der Wagenmangel, der dadurch entstand, dass die Leerwagenzüge nicht beladefähige Wagen mitführten, durchschnittlich ein Viertel des Zuges! Erst beim Beladen unter der Siebanlage wurden diese Mängel festgestellt. Die Wagen hatten Löcher im Boden oder Reste der vorhergegangenen Beladung, manchmal sogar Maschinenteile. Und diese Wagen konnten nicht ausrangiert werden, sie blieben im Zug. Hatte der Bahnhofsdispatcher die volle Abdeckung einer Schicht mit Leerwagen ausgerechnet, fehlten plötzlich 500 Tonnen Wagenraum. Schleunigst musste ein Leerzug von einem anderen Bahnhof oder aus der Reserve umdirigiert werden. Und das Tag für Tag!

Zugbeschau wie im Grenzbahnhof

Die Reichsbahn musste wie auf einem Grenzbahnhof zur Beschau der Züge übergehen und entgegen früheren Planungen doch auf dem Werkbahnhof rangieren. An der Strecke von Sornoer Buden wurde eine Beschaukanzel errichtet; Leerwagenzüge durften nur noch aus dieser Richtung nach Sabrodt und unter der Kanzel durchfahren. Ein Eisenbahner zählte und meldete die untauglichen Wagen. Eine Lokomotive der Baureihe 106 hatte sie aus dem Zug zu nehmen. Die Eisenbahner-Wochenzeitung „Fahrt frei" prangerte immer wieder die verantwortungslose Tätigkeit der Entladebahnhöfe an. Die Ursache dort war meist die fehlende Ladestraßenaufsicht.

Neben der Bahnhofsanlage reparierten Strafgefangene die Schadwagen; monatlich etwa 1.300 Wagen. Weitere rund 1.000 Wagen wurden zum Bahnbetriebswagenwerk Hoyerswerda gebracht.

Trotzdem zeichnete sich für das Problem Sabrodt keine grundlegende Lösung ab. Im Gegenteil, es sollte ungelöst bleiben – weit über die Ulbricht-Zeit hinaus.

Erich Preuss/GM

Zum großen Bruder

Seit den 60er-Jahren gab es Planungen für den Bau eines neuen Ostseehafens. Anfang der 80er-Jahre entstand im Fischerdörfchen Mukran bei Saßnitz binnen vier Jahren ein neuer Fährhafen

Der Bau des Fährhafens in Mukran auf der Insel Rügen wird oft mit der für Transitfahrten instabilen Situation in der Volksrepublik Polen in Verbindung gebracht. Nach den Aktivitäten der polnischen Gewerkschaft Solidarnosc Anfang der 80er-Jahre sollte es einen sicheren Verkehrsweg zwischen der Sowjetunion und der DDR geben. Vor allem der große Bruder Sowjetunion war in Polen ungern gesehen, und wohin das Land nach dem Umbruch schwenken würde, war ungewiss.

Jedoch gehen die ersten Planungen für diesen Seehafen an der Nordküste Rügens deutlich weiter zurück – in Zeiten, die lange vor der Solidarnosc liegen. Ideen dazu gab es 1963 bzw. 1977; doch aufgrund der Unsicherheiten in Polen 1980/1981 war nun Eile geboten.

Aufbau und Inbetriebnahme

Im Jahr 1982 rollten im Fischerdörfchen Mukran, nur wenige Kilometer südlich von Saßnitz, die ers-

Am 2. Oktober 1986 steht die Einweihung des neuen Fährhafens an. Dazu ist die Führungsspitze mit Verkehrsminister Otto Arndt nach Mukran gekommen Carl-Ernst Zimmer/ Historische Slg. der DB

ten Bagger an. Über 3.500 Arbeiter waren am Bau beteiligt. Viele Bausoldaten kamen zum Einsatz und fanden ihre Unterkunft in den Kasernen in Prora (den einstigen Kraft-durch-Freude-Häusern aus der NS-Zeit). Gleichzeitig suchte die DR nach Betriebspersonal, denn sie sollte Fährschiffe, Fähranlagen und die riesigen Güteranlagen betreiben. Hunderte Reichsbahner aus Sachsen oder Thüringen zogen auf die Insel. Der besondere Anreiz war eine Neubauwohnung in den Bäderstädten Sassnitz oder Binz. Hinzu kam der zweigleisige Ausbau der Strecke vom Abzweig Borchtitz über Bergen bis nach Altefähr. Dann ging es eingleisig über den alten Rügendamm nach Stralsund.

Am 2. Oktober 1986 waren die Anlagen fertig gestellt, wurde die erste Verladung nach Klaipeda (dem einstigem Memel in Litauen) feierlich begangen. Die erste Fähre aus der Mathias-Thesen-Werft in Wismar, die „Mukran", stand auch seit August 1985 bereit. 103 Waggons konnte sie aufnehmen. Beladen bzw. entladen wurde immer parallel auf zwei Gleisen mit zwei in Doppeltraktion eingesetzten Breitspur-Dieselloks der Baureihe 105 (spätere Baureihe 347). Weiterhin gab es eine Verladebrücke, da die Fähren doppelstöckig über fünf Gleise verfügten.

Der Einsatzstelle Mukran des Bw Stralsund standen insgesamt 14 Breitspur-Triebfahrzeuge zur Verfügung. Kurzzeitig gehörten auch zwei Dieselloks der Baureihe 120 zum Bestand. Hinzu kamen Rangierlokomotiven im Normalspurteil. Für die Schichtarbeiter entstanden einfache Haltepunkte an den wichtigsten Anlagen des Fährkomplexes (Mukran West, Mukran Mitte) sowie die Einfahrgruppe Mukran Gbf. Die Anlagen erstrecken sich vom Abzweig Borchtitz mit zwei getrennten Zuführungen über fast fünf Kilometer bis zum Hafenbecken.

Damit ist bereits die Besonderheit erwähnt, denn die sowjetischen Güterwagen liefen auf Breitspur und wurden erst in Mukran „umgeachst" bzw. erhielten neue Drehgestelle. Welch ein Fortschritt! Vorher hatte man die Fracht mühevoll in großen Stückguthallen mit Gabelstaplern umgeladen.

In Wismar wurden 1987 bis 1989 noch die Fähren „Klaipeda", „Greifswald", „Vilnius" und „Kaunas" gebaut. Diese deutschen Schiffe unterstanden der VEB Deutfracht/ Seereederei Rostock, die übrigen der Litauischen Staatsreederei Klaipeda (LSC). Bereits 1989 wurde die sechste Fähre, die „Wismar", wieder abbestellt.

Aufschwung und Niedergang

In den „besten Zeiten" wurden täglich bis zu 1.250 Güterwagen verladen. Über 2.000 Beschäftigte gehörten zum Fährkomplex Mukran. Aber dabei sollte es nicht bleiben. Bald nach dem Abtritt Honeckers, mit der Wende und der Wiedervereinigung, änderten sich die Güterströme; es begann ein öffentlicher Verkehr mit Fähren. Die letzten brisanten Transporte waren ein Teil des Abzugs der einstigen sowjetischen Streitkräfte. 1995 wurde der Fährhafen erweitert; er nimmt seitdem auch die aus der Stadt Sassnitz ausgelagerten „Schweden-Fähren" auf.

Die „Mukran" wurde 1995 in „Petersburg" umgetauft. Die Einsätze der kombinierten Auto/Zug-Fähren endeten zwischen 1997 und 2013. Heute ist es aus dem einstigen großen Bruder Sowjetunion der Handelspartner Russland geworden. Aktuell gibt es noch drei Breitspur-Dieselloks 347; aber der Güterverkehr neigt sich in Mukran dem Ende zu.

Michael Reimer

Im September 1988 wird das Fährschiff „Klaipeda" im Fährhafen Mukran entladen; jeweils zwei Breitspurdieselloks der Baureihe 105 ziehen die Wagen von Bord

Carl-Ernst Zimmer/ Historische Slg. der DB

Unverändert gute Dienste leistet Ende der 60er-Jahre die sächsische Baureihe 38.2, auch als „Rollwagen“ bekannt. Hier rangiert 38 223 im Bahnhof Nossen einen Personenzug, der aus den seinerzeit noch ganz neuen Bghw-Wagen besteht
Alfred Luft

Auf dem Weg in die Moderne

Die Planziele, welche die Führung der SED von der Reichsbahn verlangt, sind in der Praxis selten zu erreichen. Dennoch erbringt die DR beachtliche Leistungen, geht es Schritt für Schritt voran. Eindrücke aus dem Eisenbahnland DDR

Leipzig Hbf zum Ersten: In den frühen 50er-Jahren fehlt noch die im Krieg zerstörte Halle über dem Querbahnsteig, aber der Reiseverkehr rollt wieder fast so wie früher. Wer zum Zug möchte, muss nach wie vor die Bahnsteigsperren passieren; das bleibt bis 1957 so

Slg. Gert Schütze

Dampflok 98 7085, eine sächsische VII TS, dient bereits als Werklok im Reichsbahn-ausbesserungswerk Chemnitz, bevor sie 1945 für den Betriebsdienst reaktiviert wird. Im nunmehrigen Karl-Marx-Stadt kommt sie bis 1963 zum Einsatz (Bild von 1957)
Günter Meyer/Slg. Gert Schütze

Leipzig Hbf zum Zweiten: Im Jahr 1961 hat sich E 18 40 vor einen Reisezug gesetzt. Die Bahnhofshalle wurde, anders als die Querbahnsteighalle, im Krieg nur beschädigt (vgl. oben)
Slg. Rampp

Foto-Gäste aus Österreich

Im Juni 1968 reisen die österreichischen Eisenbahn-Fotografen Alfred Luft und Harald Navé zweieinhalb Wochen lang durch die DDR. Es wird eine unvergessliche Tour, denn sie erleben ein Füllhorn in Sachen Bahnbetrieb. Vor allem die Dampflokvielfalt fasziniert die beiden Besucher.

In Lindenberg, dem Endbahnhof der „Pollo"-Schmalspurbahn, setzt sich der Wismarer Schienenbus VT 133 535 als P 4457 in Bewegung. Ob einige Reisende vorher noch ihre Medikamente in der „Staatlichen HirschApotheke" rechts im Bild geholt haben? Alfred Luft

Selbst auf Nebenbahnen oder zweitrangigen Hauptbahnen fahren lange Personenzüge, um dem Aufkommen an Reisenden gerecht zu werden. Neubau-Dampflok 65 1084 muss sich mächtig ins Zeug legen, als sie ihre Abteilwagen aus dem Bahnhof Gernrode in Richtung Frose beschleunigt
Alfred Luft

oben: Starker Güterverkehr herrscht auf den Nebenbahnen des Thüringer Waldes, der Heimat der „Bergkönigin" der Baureihe 95. Mit einem Güterzug nach Sonneberg passiert 95 010 den mächtigen Viadukt von Lichte, am Zugschluss schiebt 95 009 kräftig nach
H. Navé/Slg. A. Luft

rechts: Auch auf Splittergattungen im Lokomotivpark kann die Reichsbahn in den 60er-Jahren nicht verzichten. So werden die wenigen vorhandenen Tenderloks 75.4 aus Zeiten der badischen Staatsbahn weiterhin vom Bw Zittau aus eingesetzt, so wie hier 75 411 mit dem Personenzug 3589 Löbau – Zittau
Alfred Luft

Das Bahnhofsschild von Buckow trägt stolz den Zusatz „Märkische Schweiz", die Fahrt auf der Buckower Kleinbahn nach Müncheberg an der Ostbahn Berlin – Küstrin übernehmen Gleichstromtriebwagen. Ein ET 188 wird gleich den kleinen Kopfbahnhof verlassen, um Anschlussreisende an die Hauptbahn zu bringen (Mai 1970)
Klaus Kieper

In Wilhelmshorst bei Potsdam kann man dem Schrankenwärter im Juli 1958 bei der Arbeit zuschauen. Gut auch für die Reichsbahn, die immer an Personalmangel leidet. Vielleicht wird der kleine Junge ja in ein paar Jahren zur DR-Belegschaft stoßen?
Propp/Slg. Gert Schütze

Schiene trifft Straße: Im Sommer 1971 kreuzt Neubaulok 99 1775 mit ihrem Personenzug von Radebeul (Ost) nach Radeburg in Radebeul die Gleise der Straßenbahn und den Straßenverkehr. Wie diese Schmalspurbahn hat so manche DR-Strecke Bedeutung für den Tourismus
L. Rotthowe

Reichsbahn-Eigenheiten

Preußische Loks mit „Quetsch-Esse“, Schmalspurloks in der Vorstadt oder Schnelltriebwagen in Stromlinienform – es gibt viel Markantes im DR-Betrieb. Manches davon ist nur an wenigen Orten zu finden.

Die gute, alte preußische P 8 bekommt bei der DR noch innovative Technik mit dem Giesl-Ejektor. Auch 38 2860 trägt die „Quetsch-Esse“, wie Reichsbahner den Flachschornstein nennen. Im Juni 1968 bespannt die Lok den Langstrecken-Eilzug E 366 Zittau – Berlin; Schnellzugwagen und der MITROPA-Speisewagen sorgen für angenehmes Reisen

Alfred Luft

links oben: Von Glöwen nach Havelberg entstand nach dem Krieg anstelle der demontierten Normalspurstrecke eine 750-Millimeter-Bahn. Auf dieser ist im Juni 1968 die gerade mal vier Jahre alte Lok 99 4701 im Rollwagenverkehr eingesetzt (Bild im Bahnhof Glöwen). Im Normalspurteil nebenan steht Dieseltraktion: Der Vorkriegstriebwagen und der Triebkopf eines VT 18.16 sind vielleicht auf dem Weg zum Raw Wittenberge
Alfred Luft

oben: Mit zahlreichen Sozialeinrichtungen engagiert sich die DR für das Wohlergehen der Reichsbahner. Das Erholungsheim in Schwarzburg in Thüringen war ehemals ein Hotel, zuletzt ein Intourist-Hotel. Jetzt dient es der DR und das nicht ohne politische Botschaft; Namensgeber Ernst Thälmann war KPD-Vorsitzender und wurde in Buchenwald ermordet (1950)
Historische Slg. der DB

BERGEN

Kleines Fährschiff mit kleiner Lok: Im Sommer 1968 wird die 99 4652 auf der „Bergen" von Wittower Fähre nach Fährhof übergesetzt. Die Fähre dient nur dem Güterverkehr und der Überführung von Lokomotiven und Wagen – eine Rarität im Reichsbahn-Netz!
Alfred Luft

Etwas schneller am Ziel

Nach dem Vorbild der schnellen Fernreisezüge im Westen initiierte die Deutsche Reichsbahn 1960 ein Pendant. Auch die Städteschnellverkehrszüge sollten die Kundschaft mit kürzeren Fahrzeiten befördern

Zuglaufschild des Städteschnellverkehrs im November 1960. Nachdem man die Züge 1964 zu „Jugendobjekten" erklärte, prangte auf den Schildern fortan auch das Emblem der FDJ Wenzke/Historische Slg. der DB

Als zur Internationalen Verkehrsausstellung in München 1965 Schnellfahrten mit 200 km/h vorgeführt wurden, wurde der Rückstand im Fernverkehr bei der Deutschen Reichsbahn in der DDR besonders deutlich. Bei ihr war an solche Vorstöße gar nicht zu denken. Sie brauchte solchen Schnellverkehr auch zunächst nicht. Der Individualverkehr war kaum nennenswert, dass von ihm hätten Impulse für den Eisenbahnpersonenverkehr ausgehen können. Ohnehin gab es durch die zahlreichen eingleisigen Strecken viele Engpässe. Andererseits bestand insbesondere für den Behördenverkehr von und nach Berlin ein Bedarf an etwas schnelleren Zügen gegenüber den Eil- und Schnellzügen. Zumindest die Reisezeit konnte gekürzt und die Reisegeschwindigkeit angehoben werden, wenn man auf einige Unterwegshalte verzichtete.

Eine Initiative für neue Fernzüge

Im Jahr 1960 beförderte die Deutsche Reichsbahn 943 Millionen Personen (26 Prozent des Gesamtpersonenverkehrs) und leistete 21.288 Millionen Personenkilometer (54,5 Prozent des Gesamtverkehrs). In jenem Jahr begann sie auch, für den Geschäfts- und Behördenverkehr Fernzüge vorzusehen. Die Hauptverwaltung Bahnanlagen hatte dem Kollegium des Ministeriums für Verkehrswesen ein Programm vorzulegen, nach dem bis 1965 ein Netz von Schnellverkehrsstrecken, Magistralen genannt, entstehen sollte. Es hatte den Zweck, den Berliner Außenring mit Dresden, Erfurt, Frankfurt (Oder), Halle, Leipzig, Magdeburg, Neubrandenburg, Rostock sowie Stralsund zu verbinden. Für diese Strecken waren 21 Megapond Achslast und 120 km/h Geschwindigkeit vorgesehen – anspruchsvoll für Verhältnisse der DDR-Reichsbahn. Für die Zeit nach 1965 träumte man sogar von mehr – in der Eisenbahner-Wochenzeitung „Fahrt frei" war 1960 die Rede von bis zu 160 km/h.

Beginn des Städteschnellverkehrs

Immerhin begann mit Inkrafttreten des Winterfahrplans am 2. Oktober 1960 der Städteschnellverkehr. Die Züge fuhren zwischen Berlin und den Bezirksstädten Dresden, Erfurt, Halle, Karl-Marx-Stadt, Leipzig, Magdeburg und Rostock und zeichneten sich durch wenige Unterwegshalte aus. Gekennzeichnet waren sie durch Elfhunderter-Zugnummern, von D 1130 Berlin Ostbahnhof – Dresden Hbf bis D 1193 Berlin-Lichtenberg – Neubrandenburg – Rostock. Sie hatten, um ihre Pünktlichkeit zu sichern, gegenüber anderen Reisezügen eine Vorrangstellung.

Viel Aufhebens wurde mit dieser Neuerung nicht gemacht. Die „Fahrt frei" griff das Thema erst mit der Ausgabe vom 18. Oktober 1960 auf. Der Bericht „Was steckt in den Elfhundertern?" endete mit der üblichen Schönfärberei: „Die Schnellverbindungen beweisen, daß hohe Geschwindigkeiten auf unseren Strecken gefahren werden können. Geschwindigkeiten, die international beachtet sind. [...] Aufgabe aller Fachzweige muß es sein, auch die anderen Züge nachzuziehen und das recht schnell. Weltniveau und ökonomische Hauptaufgabe hängen eng zusammen."

Ende der 60er-Jahre beschleunigt 01 057 den Städteschnellzug nach Dresden aus dem Berliner Ostbahnhof heraus. Die Züge waren vor allem für Geschäfts- und Behördenreisende gedacht und hatten gegenüber anderen Reisezügen Vorrang
Harald Navé/Slg. Alfred Luft

Auch die Politische Verwaltung der Deutschen Reichsbahn widmete sich in ihrer Schriftenreihe dem Thema. In Heft 20, „Die sozialistische Rekonstruktion bei der Deutschen Reichsbahn Hauptdienstzweig Betrieb und Verkehr", erläuterte sie den Stand der Dinge: „In diesem Zusammenhang sei erwähnt, daß bereits im Winterfahrplan 1960/61 folgende Schnellverbindungen mit je 2 Zugpaaren hergestellt werden:

- Berlin – Leipzig 135 – 143 Minuten,
- Berlin – Dresden 169 – 186 Minuten,
- Berlin – Rostock 236 – 252 Minuten,
- Berlin – Magdeburg 132 – 138 Minuten,
- Berlin – Karl-Marx-Stadt 199 – 221 Minuten,
- Berlin – Erfurt (über Halle) 212 – 228 Minuten."

Allerdings musste im Fahrplan 1960/1961 das Zugpaar Berlin – Magdeburg aufgegeben werden; die ohnehin geringe Reisegeschwindigkeit der Schnellzüge war so niedrig geworden, dass von Schnellverkehr keine Rede mehr sein konnte. Die bis 1965 angestrebten Verkürzungen der Reisezeit ließen sich nicht verwirklichen.

Die Züge als Jugendobjekte

Im Jahr 1964 wurden die Züge des Städteschnellverkehrs zu „Jugendobjekten" erklärt. Im Sinne der Kampagne wurden Jugendbrigaden gebildet und ihnen die Fernreisezüge als Objekte übergeben, bei denen sie als Helfer mitwirken sollten. Propagandistisch-agitatorische Begleitung gab es auch: Zum Beispiel wurden die Laufschilder der Züge mit dem Wort „Jugendobjekt" und den Symbolen der Freien Deutschen Jugend (FDJ) versehen.

Im Konzept des Jahres 1968 für diese Jugendobjekte wurden auch die Merkmale des Städteschnellverkehrs genannt: Reisegeschwindigkeit über 70 km/h, Wagenpark der Baureihen 250, 251, 252, 260, vorbildlicher Innen- und Außenreinigungszustand, gastronomische Betreuung bei mehr als eineinhalb Stunden

Fahrzeit. Weiter hieß es: „Das Zugpersonal muß über eine gute Qualifikation und staatsbewußtes Auftreten verfügen."

Geplante neue Verbindungen

Zu den bestehenden Verbindungen sollten neue hinzu kommen:

- Berlin – Gera mit dem merkwürdigen Laufweg über Halle (Saale) vom Winterfahrplan 1968 an
- Wiedereinführung Berlin – Magdeburg vom Sommerfahrplan 1969 an und Berlin – Karl-Marx-Stadt über Riesa, „wenn die Zentrale Oberbauerneuerung abgeschlossen ist"
- Berlin – Neubrandenburg (- Stralsund) und Berlin – Cottbus vom Sommerfahrplan 1969 an
- Berlin – Schwerin vom Sommerfahrplan 1970 an
- Dresden – Leipzig von 1970 an

Davon wurden die Verbindungen Berlin – Stralsund, Berlin – Cottbus und Dresden – Leipzig nicht realisiert. Auch die angeregten Triebwagenverbindungen Dresden – Berlin – Rostock und Berlin – Halle – Erfurt kamen nicht, wohl aber die Expresstriebwagen Berlin – Leipzig. Das Gerüst des Städteschnellverkehrs blieb insgesamt bestehen und erfuhr in den 70er-Jahren weitere Modifikationen.

Ein Aushängeschild der Deutschen Reichsbahn wurden die Züge hingegen nicht. Infolge Wagenmangels blieben merkliche Verbesserungen aus. Im Betrieb machten sich weitere Mängel bemerkbar, beispielsweise allgemeine Probleme der Infrastruktur oder auch das „Warten auf Lok", insbesondere, wenn diese von einem Güterzug auf den Reisezug überging. So kam eine interne Analyse der Mängel im Reiseverkehr durch die Arbeiter-und-Bauern-Inspektion vom 15. Oktober 1968 zu dem allgemeinen Schluss, „... daß der Reiseverkehr bei der Deutschen Reichsbahn hinsichtlich Schnelligkeit, Häufigkeit, günstiger Anschlüsse, Bequemlichkeit und Zuverlässigkeit noch nicht den Erfordernissen entspricht und weit unter dem europäischen Niveau liegt."

Erich Preuss/GM

Im November 1960 ist in Dresden Hbf ein Zug des Städteschnellverkehrs bereitgestellt. Die Mitteleinstiegwagen mit Großräumen sind ein eher rustikales bis nüchternes Angebot für einen Schnellzug
Wenzke/Historische Slg. der DB

STILLLEGUNGSPLÄNE FÜR DIE SCHMALSPURBAHNEN

Der geplante Kahlschlag

Ende der 50er-Jahre betrieb die Reichsbahn noch Schmalspurbahnen in vier Spurweiten und mit einer Gesamtlänge von rund 1.300 Kilometern. Sie alle sollten ab 1965 stillgelegt werden

Für Eisenbahnfreunde waren sie nicht selten wie das Salz in der Suppe. Für die Deutsche Reichsbahn dagegen entwickelten sich die Schmalspurbahnen zunehmend zum Hindernis und zu einem Kostenfaktor. Rund 1.300 Kilometer solcher Strecken nannte die DR Ende der 50er-Jahre ihr Eigen: über das Land verstreut, in den Spurweiten 600, 750, 900 und 1.000 Millimeter und oftmals mit individuellem Triebfahrzeugbestand. Vielfach handelte es sich um ehemalige Klein- und Privatbahnen, von denen die DR 1949 insgesamt 783 Kilometer Strecke übernommen hatte.

In den ersten 15 Jahren der DDR gehörten die meisten Schmalspurbahnen als unverzichtbarer Bestandteil zur Verkehrsinfrastruktur des Landes. Der motorisierte Straßenverkehr entwickelte sich nur sehr langsam. Doch schon bald nach 1949 hatte die Reichsbahn bei den Schmalspurbetrieben immer grö-

Um die Strecke Bergen – Wittower Fähre – Altenkirchen auf der Insel Rügen ist es im Juni 1968 schon schlecht bestellt. Noch rangiert Dampflok 99 4633 in Wittower Fähre Personenwagen; aber zum 10. September 1968 endet der Betrieb auf dem Abschnitt Fährhof – Altenkirchen, bis zum September 1971 folgt auch das Reststück Alfred Luft

Stilllegungen, Beispiel 1: Das Netz Dahme (Mark)

Die südlich von Berlin gelegenen und 1900 eröffneten Jüterbog-Luckenwalder Kreiskleinbahnen mit einer Spurweite von 750 Millimetern erschlossen große Teile des Niederen Fläming, gerieten aber nach dem Ersten Weltkrieg in wirtschaftliche Schwierigkeiten. Bis 1939 wurde das 80 Kilometer lange Streckennetz stillgelegt und an die Deutsche Wehrmacht übergeben, die es bis 1945 unter anderem zur Ausbildung von Eisenbahnpionieren nutzte. Im Dezember 1945 wurden zwei Strecken für den öffentlichen Verkehr reaktiviert. Während der Personenverkehr eine untergeordnete Bedeutung hatte, stieg das Frachtaufkommen bis Ende der 50er-Jahre ständig an, weshalb die Rbd Berlin den Rollwagenverkehr einzuführen beabsichtigte und 1960/61 den Oberbau auf längeren Streckenabschnitten völlig erneuerte. Diese Arbeiten waren noch in vollem Gange, als die Rbd Berlin plötzlich auf eine baldige Stilllegung des 72 Kilometer langen Netzes drängte. Dabei kam ihr der harte Winter 1962/63 zugute. Auf einigen Abschnitten musste der Betrieb witterungsbedingt eingestellt werden. Der Personenverkehr wurde nicht wieder aufgenommen, zumal für die Fahrgastbeförderung bereits ausreichende Omnibusverbindungen existierten. Sang- und klanglos endete so der Betrieb auf den Abschnitten Werbig – Jüterbog und Petkus – Luckenwalde Süd am 1. Februar 1963. Der verbliebene, von Dahme (Mark) ausgehende Güterverkehr wurde auf den Reststrecken ebenfalls ohne großes Aufsehen am 31. Januar 1965 eingestellt. Das Schmalspurnetz Dahme (Mark) wurde deshalb auch nicht mehr in die Untersuchungen des Instituts für Verkehrsforschung einbezogen.

ßere Probleme: Es gab unterschiedlichste Fahrzeuge, es fehlte an Kapazitäten für die Unterhaltung oder gar Erneuerung der Bahnanlagen und der personalintensive Bahnbetrieb stand vielfach nicht im Verhältnis zum vergleichsweise geringen Reise- und Güterverkehrsaufkommen.

Stilllegungen ab 1958

So bemühten sich insbesondere die Reichsbahndirektionen (Rbd) Greifswald, Magdeburg und Berlin schon frühzeitig um die Stilllegung eines Teils ihrer Schmalspurstrecken. In den Jahren 1958 und 1960 trennte sich die Rbd Greifswald von den Linien Jarmen Nord – Schmarsow und Ferdinandshof – Uhlenhorst (beide 600-Millimeter-Spur), 1963 von der Strecke Klockow – Pasewalk Ost (750-Millimeter-Spur). Der Rbd Berlin gelang es, von 1961 bis 1965 die Strecke Nauen – Senzke – Kriele und das Netz Dahme (Mark) (beide 750-Millimeter-Spur) zu schließen. Und die Rbd Magdeburg gab von 1961 bis 1965 das knapp 100 Kilometer lange Burger Netz (750-Millimeter-Spur) auf. Teilstilllegungen vermeldeten auch andere Rbd-Bezirke. Damit war es der Deutschen Reichsbahn gelungen, von 1958 bis 1965 insgesamt 306 Kilometer Schmalspurstrecken stillzulegen. Dabei handelte es sich aber um Bahnen mit besonders geringem Verkehrsaufkommen.

Aufgrund der ständig wachsenden Anforderungen an die Reichsbahn im Güterverkehr beschloss der DDR-Ministerrat am 14. Mai 1964, den Güterumschlag auf so genannten Wagenladungsknotenbahnhöfen zu konzentrieren und zahlreiche Nebenstrecken künftig nicht mehr zu betreiben. Gleichzeitig war vorgesehen, zunächst 70 Prozent des Schmalspurnetzes mittelfristig stillzulegen. Folgerichtig entstanden im Ministerium für Verkehrswesen erste Gedanken zur massiven Reduzierung des Nebenstreckennetzes, wobei die Schmalspurbahnen an erster Stelle standen.

In diesem Zusammenhang erhielt das damalige Institut für Verkehrsforschung am 17. September 1965 vom Wissenschaftlich-Technischen Rat der DDR den Auftrag, die Wirtschaftlichkeit von 31 Schmalspurnetzen mit einer Streckenlänge von 1.009 Kilometern zu untersuchen. Das geschah im Rahmen der „Weiterentwicklung des Verkehrsnetzes und der Knoten bei zweckmäßiger Abgrenzung der Transportaufgaben zwischen den Verkehrsträgern". Die genannten 1.009 Kilometer umfassten weniger Bahnen als zu diesem Zeitpunkt betrieben. Auf den restlichen stand der Verkehrsträgerwechsel von der Schiene auf die Straße aber schon unmittelbar bevor; es ging also darum, Schmalspurbahnen komplett abzuschaffen.

Selbst die Meterspurbahnen im Harz stehen bei der Reichsbahn Mitte der 60er-Jahre zur Disposition (Foto: 99 5901 mit Personenzug Gernrode – Harzgerode bei Drahtzug). Von diesen Plänen sieht man aber später ab
Harald Navé/Slg. Alfred Luft

Untersuchung der Bahnen

Grundlage für die Untersuchungen des Instituts bildeten die Betriebs- und Verkehrsleistungen der 31 Schmalspurnetze aus dem Jahre 1964. Die Strecken erschlossen 386 Gemeinden und Städte mit 393.000

Einwohnern; 1964 hatten sie 4,2 Prozent des Reiseverkehrs- und 2,3 Prozent des Güterverkehrsaufkommens der Deutschen Reichsbahn erbracht – das war sehr wenig. Die Auslastung einzelner Linien variierte stark. Den geringsten Personenverkehr mit nur 46 Fahrgästen täglich verzeichnete die Strecke Meißen Triebischtal – Lommatzsch, das umfangreichste Aufkommen gab es im Bereich der Harzquer- und Brockenbahn mit 6.820 Fahrgästen am Tag. Nach den im August 1966 vorgelegten Untersuchungsergebnissen erreichten die Schmalspurbahnen nur einen Kostendeckungsgrad von 17,9 Prozent, während für den Kraftverkehr ein solcher von 113,9 Prozent errechnet wurde. Der Kraftverkehr galt im Einzugsbereich von 29 Schmalspurbahnen als eindeutig wirtschaftlich überlegen. Ferner hieß es in dem Gutachten: „Für die Strecke Radebeul Ost – Radeburg (16,5 km) und die Muskauer Waldeisenbahn (50 km) weist der Variantenvergleich eine Überlegenheit der Eisenbahn aus." Die Übernahme der Verkehrsleistungen von den 29 Schmalspurbahnen durch den Kraftverkehr erforderte nach Schätzungen der Verkehrswissenschaftler Investitionen in Höhe von 296 Millionen Mark. Da die praktischen Möglichkeiten für einen „Verkehrsträgerwechsel im Rahmen der sozialistischen Arbeitsteilung Schiene/Straße" in der Praxis durch fehlende Kapazitäten begrenzt waren, schlug das Institut ein Stufenprogramm vor, nach dem bis 1970 insgesamt 15 Schmalspurnetze mit einer Länge von 363,4 Kilometern zu schließen waren. Bis zum Jahresende 1975 sollten weitere 18 Schmalspurbahnen mit einer Länge von 579,1 Kilometern folgen. Mit eingeschlossen waren in diese Planung nun auch die Waldeisenbahn Muskau und die Strecke Radebeul – Radeburg. Ergänzt wurde die Empfehlung jedoch mit dem Hinweis, dass „nach dem bisherigen Stand der Perspektivplanung bis zum Jahre 1970 nur 224,7 km Strecke für eine Stilllegung vorgesehen sind, da die erforderlichen Kapazitäten nicht bilanziert sind."

Ungleiche Begegnung 1969 im sächsischen Grünstädtel. Rechts Normalspurlok 86 147 mit ihrem Zug von Schwarzenberg nach Annaberg-Buchholz, links Schmalspurlok 99 581 mit dem Personenzug mit Güterbeförderung (Pmg) von Grünstädtel nach Oberrittersgrün, die den Anschluss abwartet. 1971 legt die Reichsbahn die 750-Millimeter-Strecke still

Wolf-Dietger Machel

In Burg im Spreewald heißt es für den Zug nach Straupitz „Warten auf den Gegenzug". Der hat das Ziel Cottbus und nimmt auf dem Weg dorthin die beiden Reisenden im Vordergrund mit. Das ist im Sommer 1969 noch Bahnalltag; Anfang Januar 1970 folgt die Stilllegung

Wolf-Dietger Machel

Eine festliche Ansprache, bei der die Bahn bereits eine Randerscheinung ist: So verabschiedet die Reichsbahn am 17. Juli 1966 die sächsische Schmalspurbahn von Mulda nach Sayda im Erzgebirge. Proteste? Fehlanzeige!
Günter Meyer/Slg. Gert Schütze

Stilllegungen, Beispiel 2: Mulda (Sachs) – Sayda

...und so sah der Fahrbetrieb am Schlusstag aus: 99 585 schnauft mit Zug P 1002 durch Mulda
Günter Meyer/Slg. Gert Schütze

Auf der sächsischen 750-Millimeter-Bahn gab es am 17. Juli 1966 einen Verkehrsträgerwechsel, der ganz nach dem Geschmack der zuständigen Funktionäre verlief. Bereits seit Ende der 50er-Jahre befasste sich die Rbd Dresden mit der Schließung der 1897 eröffneten, knapp 16 Kilometer langen Stichbahn. Im Verlaufe des Jahres 1965 wurden dafür die Voraussetzungen geschaffen. Nachdem zum 1. Januar 1966 der Güterverkehr eingestellt worden war, fuhren am 16. Juli 1966 die letzten regulären Personenzüge. Tags darauf wurden die Beförderungsleistungen unter großer Anteilnahme der Bevölkerung dem volkseigenen Kraftverkehr Brand-Erbisdorf übergeben. Gleichzeitig erhielten verdienstvolle Eisenbahner, die jahrzehntelang auf der Schmalspurbahn tätig gewesen waren, Geldprämien. Kulturgruppen gestalteten ein Rahmenprogramm, es erklang die Nationalhymne der DDR und eine große Abschiedsfeier folgte in einem Muldaer Gasthaus; die Volksfeststimmung war perfekt. Kritische Stimmen zur Stilllegung sind selbst von Zeitzeugen nicht überliefert.

Damit standen alle Schmalspurbahnen der Reichsbahn zur Disposition. Doch wenig später sah die Perspektive der Schmalspurbahnen schon wieder etwas freundlicher aus. Am 28. Februar 1967 hatte der Minister für Verkehrswesen, Erwin Kramer, in Absprache mit den Räten der Bezirke Halle (Saale) und Erfurt festgelegt, die Harz- und Brockenbahn in das langfristig zu erhaltene Nebenbahnnetz zu integrieren. Nach einer Perspektivplanung im Ergebnis so genannter Nachkalkulationen vom Juni 1969 beabsichtigte die Reichsbahn, bis 1980 alle Schmalspurbahnen mit Ausnahme der Harzquer- und Brockenbahn, der Waldeisenbahn Muskau (!) und der Strecke Cranzahl – Kurort Oberwiesenthal stillzulegen. Damit wären 162 Kilometer Schmalspurbahnen erhalten geblieben.

Wechsel des Verkehrsträgers

Ab Mitte der 60er-Jahre bemühte sich die Deutsche Reichsbahn, möglichst viele Schmalspurbahnen stillzulegen. Damit sollte gleichzeitig die immer komplizierter werdende Arbeitskräftesituation bei der DR entspannt werden. Teilweise war die Betriebssicherheit der auf Verschleiß gefahrenen Strecken nicht mehr gesichert, so dass nur der Verkehrsträgerwechsel als Ausweg blieb.

Das 1965 begonnene „große Schmalspurbahnsterben" erreichte 1969 mit der Stilllegung von 174 Kilometern Strecken einen einmaligen Höhepunkt. Grundsätzlich wurde mit den betreffenden Anwohnern über die beabsichtigte Einstellung des Betriebes in eigens dafür einberufenen Versammlungen offen gesprochen. Dabei erläuterten Beauftragte des Verkehrswesens die Vorzüge des Kraftverkehrs und kündigten an, dass Zeitkarteninhaber weiterhin zu den im Vergleich zum Omnibuslinienbetrieb kostengünstigeren Tarifen der Reichsbahn befördert werden. In den meisten Fällen stießen die so gründlich vorbereiteten Verkehrsträgerwechsel auch auf das Verständnis der Betroffenen. So wurden die Abschiedsfahrten 1967 zwischen Wermsdorf und Neichen sowie im Bereich Schönfeld-Wiesa – Thum (bei Rbd Dresden) zu wahren Volksfesten. In all diesen Fällen feierte man pompös bis in die Nacht, getreu dem Motto „Das Alte weicht – das Neue bricht sich Bahn." Von Trauer oder gar Opposition keine Spur!

An der Strecke Freital-Potschappel – Nossen liegt der Bahnhof Mohorn, in dem im Juni 1968 die beiden Dampfloks 99 654 und 99 685 mit ihren Personenzügen bereit stehen. Auch diese Strecke ereilt die Stilllegung, und zwar kurz nach der Ulbricht-Zeit: Am 27. Mai 1972 endet der Personen-, 1973 der Güterverkehr
Alfred Luft

Beschauliches Leben erwartet Reisende und Besucher im Mai 1969 im Bahnhof Wegezin-Dennin. Dampflok 99 3461 des Pmg Friedland Nord – Anklam West nimmt Wasser und ist dabei für den Fotografen ungewöhnlicher als für den Bahnhofsbesucher im Vordergrund ...
Slg. W.-D. Machel

Im Jahr der großen Stilllegungen, 1969, reagierte ein Teil der Bevölkerung schon weitaus differenzierter. Zwar wurde auch in der Prignitz und im Bereich der letzten Strecke der legendären Mecklenburg-Pommerschen Schmalspurbahn von Anklam nach Friedland feuchtfröhlich in Verbindung mit Abschiedsfahrten gefeiert, aber hier und da gab es bereits Bedenken über die Zweckmäßigkeit des Verkehrsträgerwechsels. Die allerdings wurden der breiten Öffentlichkeit kaum bekannt.

Probleme beim Übergang

Nicht in jedem Fall war der Kraftverkehr auch bereit, die Beförderungsaufgaben der aufzulassenden

Auf dem meterspurigen Barther Schmalspurnetz fährt der Triebwagen VT 135 563, der während des Zweiten Weltkriegs aus Frankreich als Beutefahrzeug nach Vorpommern kam. Bis 1971 steht er im Einsatz; hier um 1960 auf dem 1961 stillgelegten Bahnhof Stralsund Ost
Slg. Dirk Winkler

Stilllegungen, Beispiel 3: Anklam West – Friedland (Meckl) Nord

Eisenbahnliebhaber aus der DDR wie aus verschiedenen Ländern Westeuropas reisten ab Mitte der 60er-Jahre in den Bezirk Neubrandenburg, um die letzte Strecke der ehemaligen Mecklenburg-Pommerschen Schmalspurbahn (MPSB) zu sehen. Sie gehörte einst zum größten Streckennetz des öffentlichen Verkehrs auf 600-Millimeter-Spur in Deutschland; bis zum Schluss kam dort der charakteristische, zum größten Teil aus der Zeit vor dem Ersten Weltkrieg stammende Fahrzeugpark zum Einsatz. Schon in den 50er-Jahren beabsichtigte die Rbd Greifswald allerdings, die Strecke stillzulegen. Das Vorhaben scheiterte damals vor allem, weil über diese Strecke große Mengen Lausitzer Braunkohle in die für mecklenburgische Verhältnisse industriereiche Kleinstadt Friedland gelangten.
Die Kohle wurde von der Binnenschifffahrt nach Anklam gebracht, hier direkt auf die Schmalspurwagen umgeschlagen und sparte einen Teil des ohnehin knappen normalspurigen Güterwagenparks ein, der ansonsten für zusätzliche Kohlezüge auf den noch immer meist eingleisigen Strecken notwendig gewesen wäre. Als sich aber Ende der 60er-Jahre Möglichkeiten ergaben, die Kohle direkt über Neubrandenburg auf dem Schienenwege nach Friedland zu transportieren, konnte die für die Deutsche Reichsbahn unwirtschaftliche Rest-MPSB stillgelegt werden. Der Personenverkehr konzentrierte sich auf den Streckenabschnitt Anklam West – Wegezin-Dennin, der schon seit 1960 durch eine weitestgehend parallel zur Schmalspurbahn eingerichtete Omnibuslinie des Kraftverkehrs mit werktags fünf Buskursen je Richtung bedient wurde. Am 31. Mai 1969 stellte die Deutsche Reichsbahn auf der Gesamtstrecke den Reisezugverkehr ein. Gleichzeitig legte sie das schmalspurige Anschlussgleis zum Anklamer Hafenbahn still.
In den folgenden Wochen fuhren nochmals Abschiedszüge. Während die Sonderzugfahrten am 1. und 14. Juni 1969 auf der Gesamtstrecke vor allem für Eisenbahnfreunde und Anwohner eingelegt worden waren, pendelten im Juli 1969 zwischen Friedland (Meckl) Nord und Wegezin-Dennin weitere Sonderzüge aus Anlass des 725-jährigen Bestehens der Stadt Friedland.
Bis zum 27. September 1969 verkehrten noch sporadisch Güterzüge, um vorzugsweise Wagenladungen mit Kunstdünger nach Wegezin und Wegezin-Dennin zu bringen. Im Frühjahr 1970 begann der Gleisabbau, der Anfang September 1970 in Anklam endete.

Fahrzeuge aus der Kaiser- und Zwischenkriegszeit locken in den 60er-Jahren zahllose Eisenbahnfreunde zur Mecklenburg-Pommerschen Schmalspurbahn. Im Juni 1968 steht Lok 99 3461 mit einem Personenzug mit Güterbeförderung (Pmg) in Friedland
Alfred Luft

99 576

Im Juni 1968 ist der Triebwagen ausgefallen, Dampflok 99 576 leistet mit drei Wagen auf der Strecke Kyritz – Lindenberg Ersatz. Nicht einmal ein Jahr später, am 31. März 1969, ist mit dem Betrieb hier Schluss
Alfred Luft

Schmalspurbahnen sofort zu übernehmen; die aus dem geringen Verkehrsaufkommen zu erwartenden Erlöse deckten auch hier kaum die Selbstkosten. In solchen Fällen des „Betriebsegoismus“ wurde zunächst ein Schienersatzverkehr auf Kosten der Bahn eingerichtet, der später auf Anweisung der staatlichen Organe „im gesamtvolkswirtschaftlichen Interesse“ in einen „echten Verkehrsträgerwechsel“ umgewandelt werden musste. Ein Beispiel hierfür war die Strecke Bergen (Rügen) Ost – Altenkirchen (Rügen), in deren Einzugsbereich die Beförderung der Fahrgäste auf Kosten des Kraftverkehrs erst am 26. September 1970 übernommen wurde – und damit im Fall Fährhof – Altenkirchen (Rügen) gut zwei Jahre nach der Stilllegung!

Die Mehrheit verschwindet

Alles in allem reduzierte die Reichsbahn das Schmalspurnetz zwischen 1958 und 1970 um 794,9 Kilometer – mehr als die Hälfte. Vorhanden waren 1970 noch 539,5 Kilometer Strecken; sogar 39,6 Kilometer weniger als im August 1966 von den Verkehrswissenschaftlern prognostiziert. Ungeachtet dessen ergab sich Ende 1970 für die noch bestehenden Schmalspurbahnen ein recht widersprüchliches Bild: Der Oberbau befand sich auf den meisten Streckenabschnitten in einem erbärmlichen Zustand – aber Loks und Wagen waren dank millionenhoher Investitionen gut in Schuss.

Wolf-Dietger Machel

Dampflok 99 599 rangiert im Sommer 1968 im Bahnhof Jöhstadt, in dem sich die Reichsbahn auch mit Vietnam solidarisch erklärt. Weniger Solidarität gibt es für die 750-Millimeter-Strecke, auch wenn der Betrieb dort erst in den 80er-Jahren enden wird
Harald Navé/Slg. Alfred Luft

1
M

Von der längsten sächsischen Schmalspurbahn, Wilkau-Haßlau – Carlsfeld, gibt es Anfang der 70er-Jahre nur noch Teilstücke. Im Mai 1970 ist ein Zug aus Richtung Rothenkirchen in Saupersdorf oberer Bahnhof ein-gefahren. Hier müssen die Reisenden in den Schienenersatzverkehr nach Kirchberg umsteigen, da der Abschnitt Saupersdorf – Kirchberg 1967 stillgelegt worden ist

Wolf-Dietger Machel

Ein Unwetter mit Folgen

Am 3. Mai 1969 fuhr Personenzug 1665 auf der Schmalspurbahn von Gera-Pforten nach Wuitz-Mumsdorf. Die Betriebseinstellung der Strecke stand für das Jahr 1970 an, aber mit einem Mal änderte sich alles

Slg. Rainer Heinrich

Eine der interessantesten Meterspurbahnen der Deutschen Reichsbahn nahm ihren Ausgang in Gera-Pforten. Hier begann die Gera-Meuselwitz-Wuitzer Eisenbahn AG, kurz GMWE, wie der amtliche Name bis zur Verstaatlichung 1949 lautete. Über 31,2 Kilometer Strecke führte sie nach Wuitz-Mumsdorf; ihr Lokomotiv- und Wagenpark sowie eine Vielzahl betrieblicher Besonderheiten machten sie attraktiv. Im historischen Rückblick ist außerdem ihr ungewöhnliches Ende erwähnenswert.

Betriebstag 3. Mai 1969

Am Sonntag, dem 3. Mai 1969, fuhr der letzte Personenzug auf der Schmalspurbahn. Es war eine Betriebseinstellung, die ganz anders verlief als geplant und die ihre Ursache in den Naturgewalten des Frühjahrs 1969 hatte. Als am 3. Mai 1969 der Personenzug P 1665 aus Söllmnitz nachmittags um 14:21 Uhr in Gera-Pforten ankam, ahnte noch niemand, dass dieser Zug der letzte planmäßige Personenzug sein würde, der auf diesem Bahnhof endete.

Am 3. Mai 1969 hält Lok 99 5911 mit P 1665 im Bahnhof Söllmnitz. Bei der Aufnahme ahnt noch keiner, dass dieser Zug der letzte planmäßige Personenzug sein wird, der den Bahnhof Gera-Pforten erreicht
Steffen Weigel

Nach der Ankunft des Zuges in Gera-Pforten verdunkelte sich der Himmel schnell und ein schweres Gewitter, verbunden mit Wolkenbrüchen, setzte binnen weniger Minuten ein. Der sonst so harmlose Zaufensgraben am Bahnhof Gera-Pforten wurde durch die von den umgebenden Talhängen hereinstürzenden Oberflächenwasser nach kurzer Zeit zu einem „reißenden Wasserlauf“ und trat aus seinem Flussbett. Die Überschwemmungen im Gebiet des Zaufensgrabens erreichten bereits kurz nach 15:00 Uhr ihren Höhepunkt. Der Bahndamm in Richtung Gera-Leumnitz wurde zwischen den Kilometern 0,1 und 2,0 stellenweise total unterspült, der Bahnhof Gera-Pforten selbst stand unter Wasser. Große Massen von Geröll und Schlamm hatten alle Weichen und Gleise unbrauchbar gemacht. Die Fahrzeuge der Kleinbahn standen bis an die Achswellen im Schlamm. Der kurz vor Beginn des Unwetters angekommene Personenzug musste am Bahnsteig abgestellt werden. Selbst die Lokomotive 99 5911 konnte nicht mehr in den Lokschuppen fahren und das Personal nahm eiligst das Feuer aus der Maschine.

Der nachfolgende Personenzug P 1667 aus Wuitz-Mumsdorf, der um 16:44 Uhr in Gera-Pforten eintreffen sollte, wurde im Bahnhof Gera-Leumnitz zurückgehalten, bis das Gewitter vorüber war. Danach rangierte die Zuglok 99 5912 um und fuhr mit einem Personenwagen an der Spitze als geschobene Rangiereinheit vorsichtig auf dem Streckengleis bis zu den stark unterspülten Gleisen vor der Bahnhofseinfahrt Gera-Pforten. Die wenigen Fahrgäste mussten den restlichen Weg zu Fuß in die nahe Stadt zurücklegen.

Bereits am 4. Mai 1969 entschied die Deutsche Reichsbahn, dass die Strecke mit sofortiger Wirkung stillgelegt werde. Eine Instandsetzung der stark beschädigten Bahnanlagen wurde nicht mehr ausgeführt. Ohnehin sollte die Strecke nach dem Generalverkehrsplan des Bezirks Gera 1970 stillgelegt werden; dem war das Unwetter zuvor gekommen. Nach 68 Jahren endete somit der Betrieb der ehemaligen GMWE.

Der mit Schlamm überdeckte Bahnhof Gera-Pforten nach dem Unwetter vom 3. Mai 1969. Dass die Reichsbahn bei einer zur Stilllegung anstehenden Strecke angesichts solcher Schäden auf eine Wiederaufnahme des Betriebs verzichtete, ist verständlich Rainer Heinrich

Abtransport der Fahrzeuge

Damit gab die Reichsbahndirektion Dresden ihre letzte meterspurige Strecke auf. Zum Zeitpunkt des Unwetters befand sich noch die Lokomotive 99 183 im Lokschuppen, mehrere Güter- und Reisezugwagen waren im Bahnhof Gera-Pforten abgestellt.
Am 7. Mai 1969 kam vom Verkehrsministerium aus Berlin die Genehmigung, das Streckengleis zur Überführung der Fahrzeuge behelfsmäßig herzurichten. Mit Lkw wurde daraufhin von den Kaynaer Quarzwerken Sand herangeschafft. Provisorisch beseitigte man die Unwetterschäden, füllte das unterspülte Gleisbett in Richtung Gera-Leumnitz mit Kies aus, schaufelte die Gleise und Weichen im Bahnhof frei und stützte abrutschgefährdete Hänge am Bahnkörper ab. Danach konnte am 16. Mai 1969 nach 13 Tagen Unterbrechung des Fahrbetriebes die Lok 99 183 mit sieben Personenwagen den Bahnhof Gera-Pforten in Richtung Wuitz-Mumsdorf verlassen.

Am 19. Mai 1969 schlug dann die letzte Stunde der Bahn. Noch einmal verließ ein Zug, bestehend aus drei Lokomotiven (99 183, 99 5912, 99 5911 kalt) und sechs Wagen, um 15:00 Uhr mit langem Pfeifen den Bahnhof Gera-Pforten. Um 15:15 Uhr traf dieser Konvoi in Gera-Leumnitz ein, wo weitere fünf Wagen beigestellt wurden. Um 15:45 Uhr verließ dann der letzte Schmalspurzug das Geraer Stadtgebiet in Richtung Wuitz-Mumsdorf. Die Anfang Mai noch vorhandenen Güterwagen auf der Schmalspurstrecke Gera-Pforten – Wuitz-Mumsdorf wurden mit dem Räumzug am 19. Mai 1969, bis auf wenige Ausnahmen nach dem Bahnhof Wuitz-Mumsdorf überführt. Hier wurden sie in einer langen Reihe abgestellt.

... und ein Restbetrieb

Nach der öffentlichen Betriebseinstellung wurde ein kleines Teilstück von Kayna Quarzwerk nach Wuitz-Mumsdorf mit den Lokomotiven 99 191 und 99 5912 weiter betrieben, da die Deutsche Reichsbahn an das Kieswerk vertraglich gebunden war. Von Mai bis Dezember 1969 verkehrte werktags in den Vormittagsstunden ein Kiespendelzug von der Sandverladestelle bei Kayna zum sechs Kilometer entfernten Anschlussbahnhof Wuitz-Mumsdorf, wo die meist sechs Selbstentladewagen auf der Schüttgutrampe in Normalspurwagen entladen wurden. Danach ging es mit dem leeren Zug zurück in den Anschluss Quarzwerke, wo die Lok auch über Nacht blieb.

Der Güterverkehr nach den Quarzwerken Kayna wurde am 28. Dezember 1969 eingestellt. Seitdem ruht jeglicher Verkehr auf der ehemaligen GMWE. An jenem 28. Dezember wurden noch einmal drei Zugfahrten durchgeführt. Mit der ersten Fahrt wurden sieben Selbstentladewagen der Gattung OOtm vom Kieswerk geholt, danach die im Kieswerk kalt abgestellte Reservelok 99 5912 und anschließend noch eine Diesellok V 10 C des Dachziegelwerks Cretzschwitz. Alle diese Fahrzeuge wurden im Bahnhof Wuitz-Mumsdorf abgestellt. Die V 10 C stand mehrere Jahre schadhaft auf einem Stumpfgleis beim Kieswerk. Die Lokomotiven 99 5912 und 99 191 wurden kalt vor dem Stationsgebäude Wuitz-Mumsdorf abgestellt.

Im Verlauf des Frühjahrs und Sommers 1970 wurde 99 191 noch einige Male unter Dampf gesetzt, um die Wagen zu rangieren, die für den Abtransport bestimmt waren. Am 18. August 1970 trat 99 191 als erste den Weg in das Reichsbahnausbesserungswerk Görlitz an. Monate später folgte 99 5912. Die Schwesterlok 99 5911 wurde nach einer Abstellzeit von sieben Monaten, Mai bis Dezember 1969, auf dem Bahnhof Wuitz-Mumsdorf noch im Dezember 1969 als Heizlok an den Melorationsbaubetrieb Karl-Marx-Stadt verkauft. Damit hatte die Meterspurbahn ihr Ende gefunden.

Rainer Heinrich

Die Franzburger Kreisbahnen führten einst von Stralsund nach Ribnitz-Damgarten, wurden aber von der DR Stück für Stück stillgelegt. Im Juni 1968 bietet Lassentin Szenen fast wie aus einem Heimatfilm: Mit dem Güterzug mit Personenförderung (Gmp) 9220 ist Dampflok 99 5611 von Stralsund nach Barth unterwegs und wird hier von Mutter, Kind und Oma erwartet
Alfred Luft

BETRIEB ABSEITS DER HAUPTSTRECKEN

Unterwegs auf dem Lande

Gerade auf den Nebenbahnen wirkt die Reichsbahn der 50er- und 60er-Jahre mancherorts wie ein Freilichtmuseum. Es gibt seltene Fahrzeug-Erbstücke, liebliche Stationen und bisweilen Betrieb fast wie zu Anfang des Jahrhunderts

Fundgrube Nebenbahn

Eine Dampffahrt über die Insel Rügen, ein Rundlokschuppen in Friedland oder ein geschobener Zug in Sachsen: Die Betriebsformen sind fast so reichlich wie die Nebenstrecken, welche die DR unterhält.

oben: Zu den Stammloks auf der Insel Rügen zählt Ende der 60er-Jahre 99 4633. Mit ihrem Personenzug quert sie die Umfahrungsstraße bei Bergen, die für damalige Verhältnisse schon recht gut in Anspruch genommen wird

A. Luft

links: Die Steilstrecke zwischen Eibenstock unterer und oberer Bahnhof wird bis zur Stilllegung wegen des Baus einer Talsperre von sächsischen Loks der Baureihe 94.20 bedient. Sie laufen immer auf der Talseite der steilen Nebenbahn, hier mit Personen- und Güterwagen

R. Lüderitz

Im Bahnhof Pölzig (Meterspurstrecke Gera-Pforten – Wuitz-Mumsdorf) steht im Sommer 1968 dieser improvisiert anmutende Sprengwagen zur Unkrautvertilgung abgestellt. Improvisiert scheint auch die Befestigung: Eine Eisenkette (ganz links) hält den ungebremsten Wagen an seinem Platz

Alfred Luft

Ländliche Idylle in der Altmark: Die Reichsbahn hat 1949 nicht nur die Strecken der meisten Klein- und Privatbahnen übernommen, sondern auch deren Fahrzeugpark. Triebwagen-Veteran 186.023 wartet samt Beiwagen im Juni 1971 in Hohenwulsch auf Fahrgäste
Eckhard Ebert

Sehnlich erwarten die Reisenden in Putlitz 1968 den Personenzug mit Güterbeförderung 4265 aus Pritzwalk. Die Zuglok ist 91 1941, eine mecklenburgische Tenderlok der Gattung T 4. Bevor es weiter nach Suckow geht, stehen noch Rangierarbeiten an
Alfred Luft

Byhleguhre ist ein kleiner Zwischenbahnhof an der Spreewaldbahn und trägt neben dem deutschen auch den sorbischen Bahnhofsnamen – Bela Gora. Dampflok 99 5706 hält hier Ende der 60er-Jahre mit P 445 nach Cottbus; am Empfangsgebäude wirbt der VEB Pentacon, unter anderem Hersteller der Praktica-Fotoapparate
Harald Navé/Slg. Alfred Luft

91 1941

Burg
Spreewald
Borkowy Błota
995706
995706

Eine 600-Millimeter-Schmalspurbahn mit Drehscheibe und Rundlokschuppen, das ist etwas Besonderes. Im Bahnhof Friedland besitzt die DR dieses Erbstück der 1949 übernommenen Mecklenburg-Pommerschen Schmalspurbahn (MPSB). Mit Muskelkraft dreht das Personal im Sommer 1968 seine Lok 99 3462; einige Schuppenstände sind schon zugemauert
Alfred Luft

Die meterspurige Spreewaldbahn hat ihren Ausgangspunkt in Burg im Spreewald. Fünf Reisezugwagen hinter Lok 99 5706 belegen, dass die Strecke auch im Sommer 1968 noch rege in Anspruch genommen wird. Eineinhalb Jahre später stellt die DR die Schmalspurbahn allerdings ein
Alfred Luft

ASPEKTE DER REICHSBAHN 1971–1989

Nummer 1 in der DDR

In den 70er- und 80er-Jahren verbinden sich mit der Deutschen Reichsbahn viele Schlagwörter: Dampfabschied und Dampfrückkehr, Dieselboom und Ölkrise, Elektrifizierung, namhafte Reisezüge und jede Menge Güterverkehr

Mit einem gewaltigen Dampfpilz schleppt 58 3040 im Mai 1978 ihren Güterzug durch Wetterzeube an der Strecke (Leipzig –) Zeitz – Gera. Noch hat die zweitstärkste Dampflok-Baureihe der DR im Frachtverkehr ihr Auskommen, doch nicht mehr lang. Am 8. Januar 1979 wird 58 3040 abgestellt
Georg Wagner

Die DR und die Moderne

„Weg vom Dampf" heißt die Maxime, entsprechend setzt die Reichsbahn in den 70er-Jahren auf den Ausbau des Dieselbetriebs. Dann kommt der Ölpreisschock, die Elektrifizierung rückt in den Vordergrund – und die DR braucht auch wieder Dampfloks. Neben die Modernisierung tritt zunehmend das Krisenmanagement.

Im Oktober 1987 passiert Ellok 250 150 mit einem Güterzug die ehemalige Zigarettenfabrik „Yenidze" in Dresden. Von 1974 bis 1984 hat die DR (einschließlich der Prototypen) 273 Stück der kräftigen Ellok beschafft und damit den Triebfahrzeugpark erheblich verjüngt
Carl-Ernst Zimmer/Historische Slg. der DB

Moderne auch im Nahverkehr: Mit der Baureihe 270 wird Ende der 80er-Jahre ein neuer Triebzug für die Berliner S-Bahn vorgestellt, hier ein Zug der Nullserie 1988 in Berlin Ostkreuz. Im selben Jahr geht das Fahrzeug in Serie
Volker Emersleben

Die thyristorgesteuerte Ellok der Baureihe 243 ist die Neuheit der 80er-Jahre im Triebfahrzeugpark der DR; für das Personal hat man den Führerstand ergonomisch und bedienungsfreundlich gestaltet
Carl-Ernst Zimmer/Historische Slg. der DB

Probstzella ist ein Übergangsbahnhof von der Reichsbahn zur Bundesbahn. Damit DDR-Bürger dort keine Fluchtmöglichkeit finden, hat man den gesamten Bahnhof abgeschottet. Für den „DDR-Binnenverkehr" wurde ein eigener Haltepunkt errichtet. Das heimlich aus einem Interzonenzug aufgenommene Foto zeigt das Bahnbetriebswerk hinter der Trennwand; selbst DR- und DB-Personale sollen sich möglichst nicht begegnen (1985)
Bodo Schulz

Die DR und die Politik

„Eisenbahn in Volkes Hand" lautet die Parole für die Reichsbahn in der DDR. Aber müsste es nicht eigentlich heißen: „Eisenbahn in Politbüros Hand"? Die SED-Führung reglementiert die DR und richtet sie politisch aus. Was viele Eisenbahner möglichst ignorieren – und manch andere karikieren.

Am „Jugendbauzug" der Reichsbahnbaudirektion Berlin unterrichtet ein Brigadier im Februar 1986 einen jungen Mitarbeiter. Wie hier für den Baudienst werden verschiedentlich junge Leute bei Arbeiten der Reichsbahn herangezogen
Carl-Ernst Zimmer/Historische Slg. der DB

Die Fahrt mit P 947 Bitterfeld – Jüterbog ist am 13. April 1972 die letzte Leistung für die Versuchslok 18 314 der VES M Halle. Ihre Dienstzeit endet wegen eines Kesselschadens. Was aber die Eisenbahnfreunde wirklich schmerzt: Um Devisen für den klammen Staat zu gewinnen, wird die Lok später in den Westen verkauft
Rammelt/Slg. Gert Schütze

Im Oktober 1973 übergibt Verkehrsminister Otto Arndt das Diesel-Bahnbetriebswerk Neustrelitz dem Betrieb. Das Bw wurde speziell für die Versorgung von Diesellokomotiven eingerichtet
Ingrid Migura/Historische Slg. der DB

Zur Wiederinbetriebnahme der 38 1182 veranstaltet der Modellbahnverband Halle am 11. September 1982 eine Sonderfahrt. Beim Fotohalt im Bahnhof Bad Frankenhausen steht die preußische P 8 buchstäblich im Mittelpunkt des Geschehens
Rainer Heinrich

Die DR und die Eisenbahnfreunde

Mit großer Begeisterung nehmen Eisenbahnfans Ende der 70er-Jahre die Nachricht von der Dampflok-Renaissance auf. Längst hat die DR aber auch den werbenden Faktor des Dampfbetriebs erkannt. Sie stellt Loks für Sonderfahrten zur Verfügung und bietet selbst touristische Reisen an.

Der Einsatz der Baureihe 86 im Erzgebirge lockt in den 80er-Jahren zahlreiche Eisenbahnfreunde an, nicht zuletzt wegen der beeindruckenden Strecken. Hier ist eine der Tenderloks mit einem Güterzug auf dem Markersbacher Viadukt unterwegs Ralph Lüderitz

Der Dampflokbetrieb auf den Schmalspurbahnen erweist sich als weiterer Publikumsmagnet; von überall her kommen Gäste, um die Maschinchen im Einsatz zu erleben (Bild: 99 713 in Radeburg, August 1984)
Bodo Schulz

Praktisch staatstragend

Was wären Wirtschaft und Gesellschaft der DDR ohne die Leistungen der Reichsbahn gewesen? Vermutlich in einer noch schlechteren Lage, denn ihre enormen Transportleistungen sicherten einen Gutteil der Alltagsversorgung

Auch wenn das Kriegsende beim „Machtantritt" Erich Honeckers 1971 schon zweieinhalb Jahrzehnte zurück lag: Die staatliche Eisenbahn der Deutschen Demokratischen Republik war immer noch von Merkwürdigkeiten der Nachkriegszeit geprägt. Das bezog sich vor allem auf ihren Namen; den leitete sie weiterhin von jenem Deutschen Reich her, das die DDR-Propaganda mit vergangener Tyrannei gleichsetzte. Irgendwelche Erklärungen hierzu gab man nicht ab. Vielleicht auch, um die wahren Absichten nicht offen zu legen. Denn der Name blieb, um den Anspruch auf den Bahnbetrieb in West-Berlin aufrecht zu erhalten.

Moderne Reichsbahn

Anders sah es hingegen im Betrieb der Deutschen Reichsbahn aus. Dort änderte sich das Bild seit Mitte der 60er-Jahre, der späten Ulbricht-Zeit, schnell. In technischer Hinsicht verblassten nun endlich die Schatten der Nachkriegszeit. Die restlichen Neubau-Elloks E 11 und E 42 bzw. Neubau-Dieselloks V 180

Im Sommer 1984 hat 01 2118 des Bw Saalfeld einen Personenzug nach Leipzig Hauptbahnhof gebracht; auf dem Außenbahnsteig 10a strömen Werktätige, Hausfrauen, Studenten dem Ausgang zu. Die Deutsche Reichsbahn ist aus dem Alltag nicht wegzudenken ...
Rainer Heinrich

(seit 1970 bezeichnet als 211, 242, 118) wurden ausgeliefert, laufend übernahm die DR die im eigenen Lande gebauten Dieselloks V 100 und die sowjetische V 200 (jetzt 110/112, 120). Damit schwand der Dampflok-Bestand an Länderbahnmaschinen und Lokomotiven der 1949 von der Reichsbahn übernommenen privaten Kleinbahnen sehr schnell dahin.

Auch der Wagenpark wurde entscheidend verbessert. Die 18,7 Meter langen Reko-Vierachser verdrängten die nicht umgebauten Wagen der Länderbahnen und der privaten Kleinbahnen ebenso wie die durch den Krieg nach Deutschland verschlagenen französischen und italienischen Wagen. Abteilwagen (in der Oberlausitz) und Donnerbüchsen (in der Altmark) waren ab 1971 Raritäten und verschwanden etwa 1974 komplett. Im Fernverkehr übernahmen Neubauwagen den Dienst.

Von den Anfang der 50er-Jahre aus der Sowjetunion zurückgegebenen elektrischen Lokomotiven der Vorkriegszeit waren die nur in kleiner Zahl reaktivierten E 05, E 17, E 21 und E 95 nun ausgemustert, ebenso die einzige reaktivierte Gattung mit Stangenantrieb

Gut ausgelastet präsentiert sich der Rangierbahnhof Halle (Saale) im Juni 1971. Im Vorjahr hat die DR 262,9 Millionen Tonnen Güter transportiert – bis 1975 steigt der Wert noch an
Historische Slg. der DB

Otto Arndt

Bild: Rudi Hesse/Histor. Slg. der DB

Die DDR hielt an der von 1937 bis 1945 gültigen Personalunion zwischen oberster Führung des Verkehrswesens und Leitung der Eisenbahn fest. Von 1954 bis 1970 war Erwin Kramer als Minister für Verkehrswesen und Generaldirektor der Deutschen Reichsbahn im Amt gewesen. Abgelöst wurde er von dem 1920 geborenen Otto Arndt, übrigens einem Lokführersohn wie schon sein Vorgänger. Nach Schlosserausbildung bei der Reichsbahn, Reichsarbeitsdienst und Kriegsdienst in der Luftwaffe setzte er 1945 seine Laufbahn bei der DR fort. Er war ab 1946 Mitglied der SED, profilierte sich bei der Niederschlagung des Aufstandes vom 17. Juni 1953 und absolvierte 1960 die Hochschule. 1961 wurde er Präsident der Reichsbahndirektion Berlin und 1964 Stellvertreter und 1970 Nachfolger Erwin Kramers. Trotz formal hoher Ämter blieb sein Einfluss begrenzt. Die Partei, genauer gesagt das allmächtige Politbüro und dessen Wirtschaftsexperte Günter Mittag bestimmten den Kurs von Verkehrswirtschaft und Reichsbahn nach übergeordneten Kriterien und eigenen Vorstellungen. Den Rücktritt der gesamten Regierung von Willi Stoph am 13. November 1989, die Entmachtung der SED und das Ende der DDR überlebte Arndt nicht lange. Er starb am 3. Februar 1992.

E 77. Honeckers Zeiten erlebten lediglich die E 04 (ab 1970 204, ausgeschieden 1976), die E 44 und E 94 (ab 1970 244 und 254).

Modernster Inselbetrieb mit einer Sonderform elektrischer Zugförderung war die Rübelandbahn, die bis 1966 auf das System mit 25 kV/15 Hz Wechselstrom umgestellt worden war. Wichtigster Inselbetrieb mit einer Sonderform elektrischer Zugförderung war die in verkehrlicher Hinsicht geteilte S-Bahn in den Berliner Sektoren bzw. im Berliner Umland, bei der die Fahrzeuge aus einer seitlichen Stromschiene mit 800-Volt-Gleichstrom gespeist wurden. Die Modernisierung beschränkte sich hier aber zunächst auf die Ertüchtigung vorhandener Fahrzeuge; eine Neubeschaffung von Triebwagen war nicht möglich.

Führendes Verkehrsmittel der DDR

Mit diesem „Aufgebot“ erfüllte die Deutsche Reichsbahn der DDR enorme Aufgaben in Wirtschaft und

Mit einem Bauzug kommt 110 247 am 1. Mai 1988 durch Blumenberg. Die Instandhaltung des Streckennetzes verlangte von der DR erheblichen Aufwand
Bodo Schulz

Gesellschaft: Sie war im Transportwesen gewissermaßen staatstragend, stellte sie doch den führenden Verkehrsträger in nahezu allen Belangen dar. Dafür gab es verschiedene Ursachen, zum Beispiel den Mangel an Alternativen. Die Produktion von Kraftfahrzeugen wurde zu Honeckers Zeiten stets nachrangig betrachtet. Entsprechend blieb sie weit hinter den Bedürfnissen der verladenden Wirtschaft und der reisenden Kundschaft zurück. Doch selbst wenn es genügend Pkw und Lkw gegeben hätte – mit dem rückständigen Straßennetz wären sogleich neue schwere Probleme heraufbeschworen worden. Noch in den 80er-Jahren war die typische Fernstraße eine Allee in der oft schon im 18. oder 19. Jahrhundert gewählten Trassierung. Nach einer beträchtlichen Bauzeit von acht Jahren gelang es 1978, die Autobahn von Berlin zum wichtigen Ostseehafen Rostock nebst Abzweig zur Grenze in Richtung Hamburg zu eröffnen. 1971 war der Lückenschluss Dresden – Leipzig geschafft; doch die dringend notwendige Fortsetzung Halle – Magdeburg wurde bis 1990 nicht mehr gemeistert.

Für den Vorrang des Schienenverkehrs nicht nur in der DDR, sondern in allen Staaten des sozialistischen Systems waren aber auch ideologische Vorgaben maßgeblich. So sollte das Volk (ganz im Unterschied zu den Führungskräften) weniger im eigenen Pkw als vielmehr mit öffentlichen Verkehrsmitteln unterwegs sein. Ebenso galten für den Güterverkehr strikte Festlegungen. Grundsätzlich sollte der Fernverkehr der Eisenbahn vorbehalten bleiben und der Lkw nur als Zubringer in einem Radius von 50 Kilometern eingesetzt werden – das Verhältnis verschob sich später sogar noch zugunsten der Schiene.

So war der hohe Stellenwert der DR nur folgerichtig. Im Güterverkehr erwies sich neben ihr noch die Binnenschifffahrt als zweite Hauptstütze des Verkehrs. Wobei beide Verkehrsträger etwas gemeinsam hatten: Reichsbahn wie Binnenschifffahrt konnten auf Infrastruktur und Fahrzeuge zurückgreifen, die

Die Verbindung der Reichsbahn zu Partei und Sozialismus wurde gern mit Parolen und Zeichnungen demonstriert, hier im Bw Altenburg 1983. Tatsächlich aber sah die politische Führung in der Reichsbahn vor allem einen nützlichen „Lastesel“
Bodo Schulz

Das Zusammenwirken von Lkw und Schiene wurde im Zeichen der Ölkrise strikt reglementiert: Die Fracht sollte nur noch Kurzstrecken auf der Straße zurücklegen. Im Bild: Verladung in Jena West 1987
Volker Emersleben

Zugverzeichnisse der DR: Kursbücher von 1978 (inks) und 1980/81 (Mitte)
Slg. Felix Walther (2)

rechts: Im internationalen Güterverkehr warb die DR 1972 mit dieser Broschüre
Slg. O. Strüber

Abgestellte Dampfloks sieht man in den 70er-Jahren oft, auch prominente Maschinen trifft es. Im Mai 1975 stehen in Wallwitz an der Strecke Halle – Halberstadt 35 2001 (zuvor 23 001, eine Einheitslok der Vorkriegszeit) und 04 0022 (ex 19 022, eine sächsische XX HV); hinten zieht 41 103 vorbei Gert Schütze

von den ideologisch so verhassten früheren politischen und wirtschaftlichen Systemen hinterlassen worden waren.

Die ersten Jahre unter Honecker

Ideologisch ging das System Honecker mit einer „neuen“ Zeitrechnung – ab dem VIII. Parteitag 1971 – an den Start. Es empfahl sich zunächst auch mit wirtschaftlichem Wachstum, das seinen sichtbarsten Ausdruck in den riesigen Plattenbausiedlungen am Rande der Städte fand. Ebenso ging die Modernisierung des Eisenbahnwesens weiter. Bei den Beschaffungen der 70er-Jahre dominierten die sechsachsigen Typen. Die sowjetische Diesellok V 300 als Nachfolgemodell der „Taigatrommel“ V 200 wurde zunächst in zwei Ausführungen ohne Zugheizeinrichtung unter den neuen Reihennummern 130 (80 Exemplare) und 131 (76 Exemplare) beschafft. 1973 war endlich auch eine Variante mit elektrischer Zugheizung serienreif. Als Baureihe 132 wurde sie bis 1982 in 709 Exemplaren importiert. Sechs noch stärkere Dieselloks der Baureihe 142 blieben eine Splittergattung. Mithin wurden erst etliche Jahre nach dem 1966 politisch befohlenen Richtungswandel von der Elektrifizierung zur Verdieselung Lokomotiven geliefert, mit denen man die Pazifik-Dampfloks im schweren Schnellzugdienst ablösen konnte. Manche Altbau-01, die bis 1977 auf der Strecke Berlin – Dresden an der Grenze ihrer Leistungsfähigkeit eingesetzt war, hatte inzwischen ihr 45. Betriebsjahr überschritten.

Begegnung zweier Fahrzeug-Veteranen in Roßlau Gbf: Weder auf die Dampflok 52 8154 (l.) noch auf die Altbau-Ellok 244 (E 44) kann die DR Mitte der 80er-Jahre verzichten
Michael Reimer

Arbeit im Rangierbahnhof Hilbersdorf in Karl-Marx-Stadt, 1976. Der Beruf des Eisenbahners bei der Reichsbahn war durchaus angesehen – doch mangelte es oft an Personal
Carl-Ernst Zimmer/Historische Slg. der DB

Die Beschaffungszahlen der neuen Dieselloks überraschen, weil sie weit über der Summe aller zu ersetzenden Dampfloks der Baureihen 01.05, 01.15, 03.00, 03.20, 35, 41 und 44 lagen. Hierbei ist zu berücksichtigen, dass die DR ihr Zugangebot deutlich verbesserte. Die hohen Stückzahlen haben aber auch mit den häufigen schadensbedingten Stillstandszeiten der sowjetischen Dieselloks zu tun.

Zur Ablösung der verbliebenen Dampfloks der Reihen 35, 41, 50.00, 50.10, 50.35, 52, 52.80, 58.30 und 95 fehlte noch eine leistungsfähige Diesellok mit 16 bis 17 Tonnen Achsfahrmasse. Doch hier hemmten politische Maßregelungen das Vorankommen. Die Zwänge des sozialistischen Außenhandelssystems führten zu dem grotesken Entschluss, die bewährte

Verkehrsaufkommen DR – DB

Der Anteil der Reichsbahn am gesamten Gütertransport im Inland fiel von 1960 bis 1980 von 82 auf 66,7 Prozent und stieg bis 1989 unter dem Vorzeichen der Energiekrise sogar wieder auf 71,5 Prozent. Bei der DB betrug dieser Anteil schon 1949 nur noch 56 Prozent und sank bis 1970 auf 33,2 Prozent und bis 1989 auf 22 Prozent.
Interessant ist die gegensätzliche Entwicklung bei DB und DR hinsichtlich des Transports von Kohle, dem lange Zeit wichtigsten Frachtgut der Eisenbahn: Ging die beförderte Kohlemenge bei der DB von 107 Millionen Tonnen im Jahr 1960 auf 76 Millionen Tonnen 1988 zurück, so erhöhte sich diese Menge bei der DR im selben Zeitraum von 91 auf 108 Millionen Tonnen.
Der Personenverkehr in der DDR wurde 1975 zu 57 Prozent von Bahn und Bus bewältigt, zu 43 Prozent vom Pkw. Bis 1988 kehrte sich dieses Verhältnis – trotz aller infrastrukturellen Rückstände – auf 40 Prozent zu 60 Prozent um.
In der Bundesrepublik hatte der Anteil der Schiene an den Personenkilometern schon 1960 nur noch 16,6 Prozent betragen und fiel bis 1970 auf 7,8 Prozent. Der Anteil der öffentlichen Personenbeförderung auf der Straße (Bus und Straßenbahn) sank im selben Zeitraum von 20,4 Prozent auf 12 Prozent.

Kohle ist das wichtigste Transportgut der Reichsbahn, die beförderte Menge steigt von 1960 bis 1988 sogar an. Im Bild: 52 1228 mit Kohlezug in Berlin-Altglienicke, 1974
Hans-J. Lange, S. Dietzel

Nicht so schlimm wie 1978/79, aber auch eine Herausforderung für die DR ist der Wintereinbruch im Erzgebirge im März 1988 (Bild in Crottendorf)
Dirk Höllerhage

Winterzeit – Reisezeit: DR-Fahrplan von 1982
Slg. O. Strüber

sechsachsige V 180 mit ihrem Grundaufbau aus dem Jahre 1959 in einer aktualisierten Version ausgerechnet aus Rumänien zu beziehen. Die zweimotorige Bauart war für Loks in der Leistungsklasse um 2.000 kW längst überholt. Die Qualität der 200 gelieferten 119er ließ erheblich zu wünschen übrig und machte bereits kurz nach der Lieferung große Umbauten und den Ersatz aller Motoren erforderlich.

Mit einer ähnlichen Entscheidung vergrößerte die Politik die Probleme der Signaltechniker, Stellwerker und Lokführer. Die DR musste ein mit den bisherigen deutschen Vorschriften nicht kompatibles System sowjetischer Lichtsignal- und Gleisbildstellwerkstechnik übernehmen, ohne aber deswegen auf Hebelstellwerke aus dem 19. Jahrhundert verzichten zu können.

Fortschritte und Rückschläge

Immerhin war es der DR in den 70er-Jahren endlich möglich, den seit 1948 nur zögernd erweiterten Anteil zweigleisiger Strecken in ihrem Netz zu vergrößern. Von 1971 bis 1977 wurden 1.000 Kilometer zweite Gleise verlegt. Damit wurde der seit den sowjetischen Abbaumaßnahmen der ersten Nachkriegszeit typische Anblick von Hauptbahnen mit einem leeren Schotterbett neben einem in beiden Richtungen befahrenen Gleis allmählich seltener.

Auf dem zunächst nur geringfügig wachsenden elektrifizierten Netz kam eine neue sechsachsige Ellok-Baureihe zum Einsatz, die 250. Ein neuer Reisezugwagen mit zwei gleichmäßig über die Wagenlänge verteilten Einstiegsbereichen (das Vorbild des „Silberlings" der DB war unübersehbar), der „Lange Halberstädter", fand ab 1978 in weiten Bereichen des Nah- und mittleren Fernverkehrs Verbreitung. „Städteexpress"-Züge mit modernem orange-weißen Wagenpark und Zugnamen sollten ab 1976 einen Abglanz westlicher Intercity-Herrlichkeit auf die Strecken zwischen Berlin und den Bezirkshauptstädten bringen. Eine landesweit geltende Höchstgeschwindigkeit von 120 km/h auf der Schiene setzte dem Fernverkehr jedoch anachronistische Grenzen.

Gleichzeitig verdeutlichte eine Reihe schwerer Eisenbahnunglücke in der zweiten Hälfte der 70er-Jahre in dramatischer Weise die Grundprobleme der DDR. Auch 30 Jahre nach Kriegsende und Demontagen überforderte die Politik systematisch das Bahnpersonal, indem sie ihm Höchstleistungen für die Volkswirtschaft auf der Basis einer fast durchweg unzureichenden und veralteten Technik abverlangte.

Die Energiekrise und ihre Folgen

Schon Mitte der 70er-Jahre änderten sich die weltweiten energiewirtschaftlichen Rahmenbedingungen grundlegend. Die Ölpreiskrise im Gefolge des Nahostkrieges vom Oktober 1973 bedeutete in Ost und West den Abschied vom billigen Öl. 1979 sollte dies die DDR in eine Krise stürzen, von der sie sich nicht mehr erholte. Bis dahin hatte die Sowjetunion (Lieferant von etwa 94 Prozent des Erdölbedarfs der DDR) ihren Bündnispartnern einen Ölpreis entsprechend dem Preisdurchschnitt der letzten fünf Jahre auf dem Weltmarkt abverlangt. Wegen der beschleunigten Preissteigerungen auf dem Weltmarkt ging sie nun auf einen Dreijahresdurchschnitt über. Das bedeutete für das Jahr 1982 eine katastrophale Verteuerung um 54 Prozent gegenüber 1981.

Die Reichsbahn in West-Berlin

Der Grund, warum die Reichsbahn ihren Vorkriegsnamen beibehielt, hatte politische Motive und fand sich in den Berliner Westsektoren. Auf den dortigen Strecken nahm die DR die Betriebsrechte wahr – und führte weiter die alte Bezeichnung, um diese Option zu behalten. Die Westalliierten als Schutzmächte der Westsektoren hätten kaum einer ideologiekonformen Umbenennung der Reichsbahn zugestimmt. Nicht nur deshalb handelte es sich um eine Kuriosität im Ost-West-Konflikt: West-Berlin war auch das einzige Gebiet, auf dem eine so wichtige Infrastruktur vom konkurrierenden politischen System kontrolliert wurde.

Für die Deutsche Reichsbahn war die Präsenz in den zwölf westlichen Berliner Stadtbezirken allerdings kein Ausdruck des Triumphes, sondern eine ständige Last. Sie musste für einen relativ bescheidenen Ertrag an westlichen Devisen den Betrieb in einem militärisch scharf abgeriegelten Sondergebiet führen und einen großen Teil dieser Devisen noch an das dortige Personal auszahlen. Die Sonderstellung West-Berlins belastete die Reichsbahn zusätzlich mit dem umfangreichen Transitverkehr zwischen dem Westteil der Stadt und der Bundesrepublik, der auf den Strecken nach Gutenfürst/ Hof, Probstzella/ Ludwigsstadt, Gerstungen/Bebra, Marienborn/ Helmstedt und Schwanheide/ Büchen lief. Er beinhaltete den Reiseverkehr, den Güterverkehr und den westalliierten Militärverkehr.

Zumindest brachten die frühen 70er-Jahre aber eine gewisse Entspannung der Situation, erzielt durch neue Verträge.

Am 3. September 1971 unterzeichneten die vier Siegermächte das Abkommen über Berlin. Darin erkannte die Sowjetunion die Eigenständigkeit der drei Westsektoren an, während ihr die Westmächte bescheinigten, dass diese Sektoren trotz aller engen Verflechtungen in Wirtschaft und Währung kein Bestandteil der Bundesrepublik Deutschland waren.

Am 17. Dezember 1971 unterzeichneten Staatssekretäre aus Bonn und Ost-Berlin im Windschatten des Berlin-Abkommens das Transit-Abkommen, mit dem schikanöse Kontrollen, Verhaftungsängste und politisch gewillkürte Zugverspätungen im Verkehr zwischen Bundesrepublik und Berlin ihr Ende fanden.

Am 20. Dezember 1971 unterzeichneten die DDR-Regierung und der Berliner Senat noch eine Vereinbarung über den Verkehr zwischen West-Berlin einerseits und der DDR und Ost-Berlin andererseits. Es erlaubte private und touristische Reisen von West-Berlinern in die für sie seit 1952 (!) verbotene DDR und in den seit 1961 abgeriegelten Ostteil der Stadt. Im Mai und Juni 1972 traten die Regelungen in Kraft.

Im verkehrsgeschichtlicher Hinsicht bleibt freilich festzuhalten: Niemals sonst hat eine Bahnverwaltung so viele Züge fahren lassen, deren Benutzung den Bürgern des eigenen Landes strengstens verboten war. Die hermetische Abriegelung der Transitzüge gegen einen heimlichen Zustieg unterwegs war die polizeiliche Aufgabe schlechthin im Eisenbahnwesen der DDR. Der Personalaufwand hierfür war wie für die gesamte Grenzsicherung gigantisch.

In den 70er-Jahren ein vertrauter Anblick in West-Berlin: Eine 01.5 wartet im Bahnhof Zoologischer Garten auf die Weiterfahrt
Dr. Dietmar Beckmann

Unterschiedlich verlaufen die Honecker-Jahre für die Schmalspurbahnen der DR. Einige werden stillgelegt, so die 750-Millimeter-Strecke Grünstädtel – Oberrittersgrün 1971 (Foto bei Pöhla, 23. September); andere bleiben, auch als „Traditionsbahnen" beworben, erhalten Günter Meyer/Slg. Gert Schütze

Der Verkehrssektor, der 1980 etwa zwei Drittel des gesamten Dieseltreibstoffes der DDR verbrauchte, geriet ins Zentrum staatlicher Krisenpolitik. Es folgte ein überstürzter Kurswechsel zurück zur Braunkohleverstromung und zu Atomkraftwerken mit zweifelhaftem Sicherheitsstandard. Die Bahnbetriebswerke und ihre Lokpersonale konnten sich alsbald Prämien und Ehrenurkunden erwerben, indem sie die neuen Dieselloks stehen ließen und zwecks Ölersparnis so viele Züge wie möglich mit den noch verwendbaren Dampfloks bespannten. Auch die ölgefeuerten Dampflokomotiven, lange Zeit willkommene Spitzenklasse ihrer Traktionsart, mussten den kohlegefeuerten Exemplaren den Vortritt lassen.

Wirtschaftsleben bei Ölknappheit

Der Ölmangel hatte noch mehr Auswirkungen auf den Betrieb. Früher problemlos akzeptierte Diesellokläufe unter Fahrdraht mussten jetzt unbedingt vermieden werden, mit der Folge zusätzlicher zeitraubender und personalaufwendiger Lokwechsel. Ebenso wurde verlangt, Güterzüge auch mit erheblichen Umwegen möglichst lang unter Fahrdraht zu leiten. Statt von Weimar über Jena nach Glauchau zu fahren, nahmen die Züge nun den Weg über Leipzig. Anstelle der Diagonale Erfurt – Güsten – Schönebeck galt es den Bogen über Halle zu befahren.

Die Energiepolitik war es außerdem, die alle Diskussionen über Zuggeschwindigkeiten jenseits von 120 km/h stoppte. Noch in den 60er- und frühen 70er-Jahren hatten Reichsbahn und Industrie über Weiterentwicklungen der E 11 und V 180 in die Schnellverkehrsklasse von 140 bzw. 160 km/h nachgedacht.

Nicht zuletzt musste die Reichsbahn in erheblichem Maße Aufgaben „von außen" schultern. So fuhr man, um Öl zu sparen, den Lkw-Verkehr radikal zurück. Landwirtschaftliche oder industrielle Produkte wurden nun gegebenenfalls 25 Kilometer weit per

Lkw zum nächsten Güterbahnhof gebracht, dort auf den Güterwagen verladen und nach weiteren 70 Kilometern für den nächsten zwölf Kilometer langen Transportabschnitt wieder auf den Lkw verfrachtet. Die manuelle Umladung von Kartoffeln, Schüttgütern oder Holz wurde wieder aktuell. Die Partei- und Staatsführung setzte alles daran, Förderung und Verwertung der einheimischen Braunkohle zu steigern – mit einschneidenden ökologischen Folgen. Die Reichsbahn musste im Braunkohlerevier zwischen Zeitz im Südwesten, Bitterfeld im Norden und Borna im Südosten bis an die Grenzen ihrer Kapazität Rohbraunkohle und Briketts befördern.

Freilich konnten Verkehrswirtschaft und Reichsbahn energiewirtschaftlich nicht in dem notwendigen Tempo umsteuern. 1980 besaß der Dieselbetrieb einen Anteil von 71,8 Prozent an den erbrachten Zugleistungen. Die nun wieder mit aller Macht forcierte Elektrifizierung der Strecken konnte nicht schnell genug Abhilfe schaffen, zumal die Stromerzeugung großenteils auf einer brüchigen Basis beruhte, nämlich der desolaten Braunkohlewirtschaft.

Das letzte Jahrzehnt

Im Zentrum der Investitionen der DR stand im letzten Jahrzehnt der DDR die Streckenelektrifizierung. Mitte der 70er-Jahre waren die Bemühungen mit nur geringen Ergänzungen der S-Bahn-Systeme von Halle, Leipzig, Magdeburg und Dresden fast zum Erliegen gekommen. Doch ab 1978 ging es vorwärts; bis 1982 erreichte der Fahrdraht (von Leipzig/Halle bzw. Dresden aus) den Berliner Außenring, ab 1987 fuhr man aus Richtung Berlin und aus Richtung Magdeburg elektrisch bis zur Ostsee mit dem Überseehafen Rostock. Das Jahr 1988 brachte mit einer Eröffnung von 375 Kilometern Strecke den größten jährlichen Zugewinn; am Jahresende verfügte die Reichsbahn über eine Netzlänge des Wechselstromsystems von etwa 3.140 Kilometern. Zu Beginn der Ära Honecker hatte sich das elektrische Netz mit Jahresende 1971 auf 1.381 Kilometer beschränkt. Das Triebfahrzeug dieser neuen elektrischen Epoche war die vierachsige 243. Im Jahr 1982 vorgestellt, brachte sie es auf 636 Exemplare.

Für die Berliner S-Bahn ging 1988 ein neuer Doppeltriebwagen in Serie. In den Westsektoren sah man ihn allerdings zunächst nicht. Hier hatte die DDR-Führung 1980 neue Fakten geschaffen. Um ihren Aufwand für den defizitären Betrieb zu begrenzen, nahm sie einen Streik des Personals zum Anlass, das heruntergekommene Netz im Westteil der Stadt fast völlig stillzulegen. Es folgten Verhandlungen mit dem westlichen Berlin, dessen Berliner Verkehrs-Gesellschaft 1984 dort den Betrieb übernahm. Sie eröffnete einige Strecken in eigener Regie wieder. Die Reichsbahn-S-Bahn in Ost-Berlin führte unterdessen ein – von Erich Honecker persönlich abgesegnetes – neues Farbschema ein. Anstelle des Rot-Ocker trat ein Hellgrau-Dunkelrot.

Das Problem der Betonschwellen

Zwar hatten die Fernbahnen der DR durch die Elektrifizierung an Leistungsfähigkeit gewonnen, doch wurde dieser Vorteil durch Schwierigkeiten in anderen Bereichen wieder in ziemlichem Maße entwertet.

Die Verdieselung der Schmalspurbahnen im Harz war ein Vorhaben, das die DR mangels Kapazitäten nur ansatzweise anging. Sehr zur Freude der Besucher, die somit weiter „König Dampf" erleben durften; Ausfahrt in Gernrode, Mai 1989
Dirk Höllerhage

Das Betonwerk Rethwisch belieferte die Reichsbahn mit Betonschwellen – die jedoch, wie sich herausstellte, schnell brüchig wurden. Schon in den 80er-Jahren fielen zahllose Reparaturen an
Volker Emersleben

Eine Neuheit der 70er-Jahre ist die Lokfamilie um die Baureihe 132. Die sowjetische Diesellok fährt Güter- wie Personenzüge, aber die Ölkrise schränkt den Aktionsradius ein. Im Bild: eine 132 an den Dornburger Schlössern zwischen Camburg (Saale) und Jena, 1982

Bodo Schulz

Beispielsweise vereitelte maroder Oberbau das Ausfahren der eigentlich möglichen Streckengeschwindigkeiten. Das Hauptproblem war der Zerfall fehlerhaft produzierter Betonschwellen; das Betonschwellenwerk Rethwisch hatte eine falsche Zusammensetzung gewählt. Eigentlich ein verkehrstechnisches Spezialproblem, reihte sich dieser Missstand ein in eine Serie von wirtschaftlichen und infrastrukturellen Mängeln, die sich in der DDR der 80er-Jahre zu einem unlösbaren Komplex auftürmten. Und die letztlich für die greisen Vertreter des politischen Systems den Anlass für den Abschied bildeten, wenn auch der erste Mann des Staates nur durch einen politischen Winkelzug dazu bewegt wurde, sein Amt niederzulegen.

Ein Vierteljahrhundert nach dem Rücktritt Honeckers stellt sich die Eisenbahnsubstanz im ehemaligen Reichsbahngebiet extrem verändert dar. Vielfach haben Streckensanierungen und Bahnhofsrenovierungen die Spuren des damaligen Rückstands getilgt – und das Streckennetz wurde auf wirtschaftlich erfolgreiche Verbindungen gestutzt. Noch aktiv sind in weiten Teilen des Bundesgebietes die Lokbaureihen 132, 243 und 250, heute als 232, 143 und 155 vertraut. Und ein schönes Erbe von Honeckers Reichsbahn kann man außerdem erleben: die in den 1970er-Jahren vom „Verkehrsträgerwechsel“ ausgenommenen Schmalspurbahnen in Sachsen, im Harz und an der Ostsee. Für ihre Verdieselung standen damals keine Kapazitäten zur Verfügung. Heute gehören sie zu den letzten ganzjährig mit Dampf betriebenen Eisenbahnen der Welt.

Andreas Knipping

rechts: Ihre Leistungen stellt die DR 1980 in diesem Prospekt vor

Slg. Oliver Strüber

Statistische Daten zur DR – Auswahl

	1970	1975	1980	1985	1988
Gütertransporte in 1.000 t	262.901	288.980	311.606	347.874	349.362
Beförderte Personen in 1.000	626.008	k. A.	607.180	622.923	599.948
davon Berufsverkehr	231.659	k. A.	217.708	230.984	206.300
Personenwagen (zum 31.12.)	13.089	12.741	12.861	12.115	11.766
davon Reisezugwagen	8.738	8.805	9.179	8.915	8.543
davon Doppelstockwagen	900	943	1.038	945	1.092
davon Triebwagen (VT, VS, VB)	566	442	370	335	329
durchschnittl. tägl. Betriebspark	10.349	8.502	8.418	8.161	7.745
Berliner S-Bahn					
Streckenlänge	319,44	330,74	338,44	183,96*	183,55*
Beförderte Personen in Mio.	217	197	167	167*	175*
durchschnittl. tägl. Betriebspark (S-Bahn-Wagen)	1.388	1.314	1.308	1.114*	1.074*

*West-Berliner Netz an BVG abgegeben

Quelle: Statistisches Jahrbuch des Verkehrswesens 1989; Zusammenstellung: Felix Walther

Im Jahr 1985 erklimmt eine 118 mit ihrem Personenzug die Höhen des Rennsteigs auf dem Weg zum gleichnamigen Bahnhof. Die kräftige und zudem nebenbahntaugliche Großdiesellok ist für den Einsatz auf der steilen Nebenbahn wie geschaffen

Rudolf Heym

Dieselloks aus Bruderländern

Nach den Vorgaben des Rates für gegenseitige Wirtschaftshilfe durfte die DDR in den 70er-Jahren keine eigenen Großdieselloks mehr bauen. Entsprechende Maschinen lieferten andere Länder des Ostblocks

Nach den insgesamt recht guten Erfahrungen mit der Baureihe V 200 (120) aus der Diesellokfabrik Woroschilowgrad (UdSSR) interessierte sich die Deutsche Reichsbahn auch für eine 3.000 PS starke Weiterentwicklung, die als dieselelektrische TE 109 schon auf russischen Gleisen erprobt wurde. Auf der Leipziger Frühjahrsmesse 1970 wurde die 130 001 der Öffentlichkeit vorgestellt. In den Jahren bis 1982 wurden schließlich 873 Exemplare in fünf Unterbaureihen an die DR geliefert. Die Baureihe 130 war 140 km/h schnell, besaß aber keine Zugheizeinrichtung. Die 131 war mit einer Höchstgeschwindigkeit von 100 km/h eine reine Güterzuglok. Als Baureihe 130.1 wurden 1973 zwei 140 km/h schnelle Loks mit elektrischer Zugheizanlage in Dienst gestellt. 1974 folgte die 132, mit Zugheizung und 120 km/h schnell – allein von dieser Lok erhielt die DR 709 Exemplare.

Eine Lok mit Spitznamen „Karpatenschreck"

Während die später „Ludmilla" genannten Sechsachser sich recht schnell ins Betriebsgeschehen einbinden ließen, gab es mit einer anderen Neubeschaffung aus sozialistischen Bruderländern arge Probleme. Um die letzten Dampfloks auch auf gebirgigen Nebenstrecken abzulösen, hatte die Reichsbahn die Baureihe 119 mit dieselhydraulischem Antrieb bei der Lokomotivfabrik „23. August" in Bukarest (Rumänien) in Auftrag gegeben. Zwischen 1976 und 1985 wurden 200 der sechsachsigen Loks mit 16 Tonnen Achslast geliefert. Mangelnde Fertigungsqualität sorgte aber für viele Ausfälle. Erst, als die DR zahlreiche Bauteile rumänischer Produktion durch deutsche Komponenten ersetzte, wurden die Loks zuverlässig. Da hatten die Maschinen mit den Bullaugen aber schon ihre Spitznamen weg: „U-Boot" oder, in Anspielung auf die Herkunft bzw. den rumänischen Staatschef, „Karpatenschreck" und „Ceaucescus Rache".

Martin Weltner/GM

oben rechts: Zwei Generationen von Großdiesellokomotiven stehen im April 1977 im Hauptbahnhof Leipzig nebeneinander. Links die dieselhydraulische 118, eine Lok aus DDR-Produktion; rechts eine der aus der Sowjetunion gelieferten 132 mit dieselelektrischem Antrieb. Ihr „Zyklopenauge", das große Frontlicht, wird zum Markenzeichen
Gert Schütze

Im Dezember 1981 erreicht 119 075 mit einem Personenzug Saalfeld. Vier Jahre gehören die rumänischen Dieselloks bereits zum Bestand, doch zufriedenstellend laufen sie noch nicht
Gert Schütze

rechts: Die Bullaugen an der Seite verschaffen der 119 den Spitznamen „U-Boot". Am 30. Juli 1981 hält 119 027 mit D 900 Dresden – Jena West – Katzhütte in Gera Hbf
Ralph Lüderitz

ganz rechts: Für die Personale wurden die Loks der 132-Familie bei der Reichsbahn der 70er- und 80er-Jahre zum Standard. Sie fuhren mit den Maschinen quer durch die DDR und im Interzonen-verkehr auch nach Westdeutschland
Volker Emersleben

19
118 405-0
132 405-2
13

119 027-1
DR

RBD Berlin
Bw Ostbahnhof
Rbd Berlin
Bw Ostbahnhof

Das Neubau-Bw Güsten

Im Zuge des Traktionswechsels investierte die Reichsbahn erhebliche Summen in den Um-und Neubau einzelner Bahnbetriebswerke. So etwa in Güsten: Dort wurde 1985 einer der letzten Neubau-Lokschuppen in Betrieb genommen

Im Süden der Magdeburger Börde liegt die Kleinstadt Güsten, einst ein bedeutender Eisenbahn-Knoten. Seit 1872 gab es hier eine Lokstation, welche die Preußische Staatsbahn 1878 zu einer Betriebswerkstätte ausbaute. Das spätere Bahnbetriebswerk (Bw) Güsten bespannte mit seinen Maschinen in erster Linie Güterzüge auf den Verbindungen Berlin-Grunewald/Seddin – Sangerhausen, Aschersleben – Köthen – Dessau und Magdeburg – Sangerhausen. Im Reisezugdienst kamen Güstener Dampfloks unter anderem nach Aschersleben, Berlin, Dessau, Magdeburg und Sangerhausen. Ende der 60er-Jahre gewann die Dienststelle erheblich an Bedeutung; die Reichsbahndirektion (Rbd) Magdeburg wandelte Güsten in ein so genanntes Groß-Bw um. Nacheinander wurden ihm die Bw Bernburg, Aschersleben, Köthen und Staßfurt als Einsatzstelle zugeordnet. Das Groß-Bw zählte nun mit rund 1.300 Beschäftigten, 117 Dampfloks, 43 Dieselloks sowie fünf Dieseltriebwagen zu den größten Bahnbetriebswerken der DR.

Seit 1967 waren in Güsten die „Pauken" stationiert, die sowjetischen Dieselloks der Baureihe V 200 (spätere 120). Ab 1970 trieb die DR hier die Umstellung auf Dieseltraktion mit großen Schritten voran. Stangendieselloks der Baureihen 106.0–1 und 106.2–9 verdrängten bis 1972 die Dampfloks aus dem Rangierdienst, die ab 1970/71 zugeführte Baureihe 110 ersetzte die letzten preußischen P 8 sowie die Baureihen 50.35 und 65.10 im Reisezug- und im leichten Güterzugdienst. Der Zugang von Großdieselloks der Baureihen 131 (ab Frühjahr 1973) und 132 (ab 1975) beschleunigte die Entwicklung; im Winter 1976/77 spielte die Dampftraktion nur noch eine marginale Rolle. 1978 waren im Bw Güsten rund 120 Triebfahrzeuge stationiert, die eine jährliche Beförderungsleistung von 4,3 Milliarden Bruttotonnenkilometern erbrachten – etwa fünf Prozent des gesamten Transportvolumens der DR.

Der neue Ringlokschuppen des Bw Güsten besaß unter anderem eine Hubanlage, die hier für eine Diesellok der Baureihe 132 Verwendung findet. Links daneben steht VT 186 256, der Triebwagen für Fahrten des Präsidenten der Rbd Magdeburg
Dirk Endisch

Planungen für einen Neubau

Doch die technischen Anlagen des Bw Güsten entsprachen schon lange nicht mehr den betrieblichen Belangen. Lokschuppen II – eine Rotunde – hatte man 1958 gesperrt und wenig später abgerissen, die Schuppengleise dienten als Freigleise. Der Ringlokschuppen (Schuppen I) mit seinen 19 Gleisen wurde ab 1966 schrittweise für die Diesellok-Unterhaltung hergerichtet. Die ältesten Teile des Gebäudes allerdings stammten noch aus den 1870er-Jahren und wiesen nun erhebliche Mängel auf. Ende 1974 legte die Verwaltungsstelle der Maschinenwirtschaft (VdM) der Rbd Magdeburg das Konzept für die „Rekonstruktion des Bw Güsten als Diesel-Bahnbetriebswerk" vor. Geplant waren unter anderem der Umbau des Ringlokschuppens in eine reine Instandhaltungs- und Wartungshalle und neue Diesellok-Behandlungsanlagen. Doch das Vorhaben scheiterte – die Staatliche Bauaufsicht sperrte 1975 den Lokschuppen aufgrund der verschlissenen Dachkonstruktion und der maroden Seitenwände. Um den

Betrieb aufrechterhalten zu können, verteilte das Bw Güsten die Triebfahrzeugunterhaltung auf die angeschlossenen Einsatzstellen. Im Stammwerk verblieb lediglich die Instandhaltung der Baureihen 120 und 131/132, für die der ehemalige Triebwagenschuppen und die Achssenke entsprechend hergerichtet wurden. Das konnte aber nur eine Übergangslösung sein.

Der Vorschlag der Rbd Magdeburg, den alten Ringschuppen abzureißen und durch einen modernen Rechteckschuppen zu ersetzen, scheiterte an den enormen Investitionskosten. Daher fiel der Entschluss, in Güsten einen modernen Ringlokschuppen zu errichten.

Das neue Bw entsteht

Ein erster Schritt in diese Richtung war der Abriss des alten Lokschuppens, den man nach einem Sprengversuch mit Hilfe schwerer Technik abtragen musste. Auf einem Teil der Fläche entstand 1978 eine einfache Blechhalle für die Wartung der Baureihen 120 und 132. Die Arbeiten am neuen Lokschuppen zogen sich hin, weil die Bauleute mit einem hohen Grundwasserspiegel zu kämpfen hatten. Bis zum Spätsommer 1980 setzte man zahlreiche Betonpfeiler als „Unterbau" ein. Im Frühjahr 1982 waren die Fundamente fertig. In der Folge verzögerten fehlende Arbeitskräfte und Materialmangel die Fertigstellung, so dass der Neubau erst im Frühjahr 1985 in Betrieb ging.

Der neue Ringlokschuppen verfügte über 15 Gleise und bestand aus drei Teilen. Für die Triebfahrzeugwartung standen fünf Gleise zur Verfügung, vier mit Untersuchungskanälen. Das fünfte Gleis diente als so genannter Putzstrang. Für die Fahrzeugunterhaltung waren acht Gleise – jeweils mit Arbeitsgrube – vorgesehen. Die Gleise 1 und 2 besaßen einen Portalkran (acht Tonnen Tragfähigkeit), die Gleise 3 und 4 einen Säulendrehkran. Ab 1986 stand auch ein variabler Hubstand zur Verfügung, mit dessen Hilfe Drehgestelle und Achsgetriebe gewechselt werden konnten. Zum Werkstattbereich gehörten weiterhin zwei Büros für die Werkmeister, ein Raum für die Brigadiere, ein Frühstücks- und Schulungsraum, eine Werkstatt für die Starkstrommeisterei Aschersleben, ein Filterraum, ein Abschmierraum, eine Werkzeugausgabe, ein Wasserlabor, ein Messmittelraum sowie ein Aufenthaltsraum für die Triebfahrzeugwarte. Der dritte Bereich (zwei Stände) war für die im Winter benötigten Heizloks vorgesehen. Die Gleise besaßen fahrbare Schlackewagen, so dass die hierfür verwendeten Dampfloks nicht mehr zum Entschlacken auf den Kanal fahren mussten. Zwei Wasseranschlüsse, zwei Rauchabzüge, zwei Dampfanschlüsse und ein Verteiler ergänzten die Ausrüstung der Heizstände. Mit dem neuen Lokschuppen wurde auch eine neue Trafostation in Betrieb genommen. Die Fertigstellung der neuen Ölwechsel- und Ölversorgungsanlage zog sich hingegen bis zum Januar 1988 hin. Damit war Güsten das modernste Diesellok-Bw in der Rbd Magdeburg.

Der Bau des neuen Lokschuppens, aufgenommen in der Zeit 1980/81. Hohes Grundwasser stellte Ingenieure und Baukolonnen vor große Probleme
Slg. Dirk Endisch

Die Zeit nach Honecker

Mit dem Zusammenbruch des Schienenverkehrs bei der DR ab 1990 verlor das Bw Güsten binnen weniger Monate einen erheblichen Teil seiner Leistungen. Personalabbau, die Schließung von Einsatzstellen sowie die Verringerung des Triebfahrzeugparks folgten. Mit der Gründung der Deutschen Bahn AG (DB AG) am 1. Januar 1994 war das Schicksal der Dienststelle besiegelt. Der Werkstattbereich wurde zunächst als „Außenstelle Güsten" dem Werk Halberstadt Mitte unterstellt, stellte aber offiziell am 31.Oktober 1995 die Arbeit ein. Der Triebfahrzeugeinsatz von Güsten aus war da bereits Geschichte: Die Lokleitung hatte am 20. September 1995 ihre Türen für immer geschlossen. Die letzten verbliebenen Eisenbahner räumten die Gebäude oder verschrotteten Güterwagen und Lokomotiven. Am 31. Dezember 1995 gab die DB AG formal das ehemalige Bw Güsten auf.

Später diente das Areal zeitweise als Abstellplatz für ausgemusterte Fahrzeuge. Der Lokschuppen wurde von einem Geschäftsmann als Lager genutzt. Anschließend verfielen die Anlagen; Ende 2010/Anfang 2011 wurden sie größtenteils abgerissen. Lediglich die Trafostation blieb für einen Solarpark erhalten, der heute auf dem ehemaligen Bw-Gelände steht.

Dirk Endisch

Die „Weiße Lady“

Als Vorreiter einer neuen Ellok-Serie fertigte LEW Hennigsdorf Anfang der 80er-Jahre den Prototypen der Ellok-Baureihe 212/243, wegen der Farbgebung „Weiße Lady“ genannt. Sie musste eingehende Prüfungen absolvieren

Wegen Bauarbeiten kann 212 001 am 8. August 1983 nicht in den Lokschuppen der Einsatzstelle Zwickau fahren; sie steht draußen neben 50 3145 und wird mit einem Kabel durchs Fenster zum Messwagen im Schuppen verbunden
Rainer Heinrich

Es war der Prototyp der nächsten Ellok-Generation, den die Deutsche Reichsbahn 1984 zur Erprobung in die Einsatzstelle Zwickau schickte. Die Dienststelle, organisatorisch dem Bw Reichenbach zugeordnet, hatte sich für die Tests der 212 001 auch speziell vorbereitet. Eigens für diesen Zweck wurde in Zwickau ein ausgedienter Reko-Personenwagen der Gattung Bag herangezogen; Wagen 50 50 23-24 700-2, ehemals beheimatet in Arnstadt, erhielt modernste Messgeräte und diente als stationärer Messwagen. Messingenieure der Reichsbahn und des Herstellerwerkes prüften nach einer bestimmten Laufleistung der Lok mehrmals die elektrischen Leitungen, die erstmals nicht aus dem üblichen Werkstoff Kupfer, sondern aus einer neu entwickelten Aluminium-Legierung bestanden, sowie die ebenfalls völlig neu entwickelte Steuer- und Informationselektronik.

Warum ausgerechnet in Zwickau dieser Diagnoseprüfstand eingerichtet wurde, lag damals in der Entscheidung der Hauptverwaltung der Maschinenwirtschaft (HvM). Für den Standort sprach, dass sich dort eine Vielzahl der Versuchsfahrten konzentrierte. Auch war die Ellok-Werkstatt in Zwickau mit Fachpersonal gut besetzt.

Neuheit 212 001

Die fortschreitende Elektrifizierung bei der Deutschen Reichsbahn hatte zu Beginn der 80er-Jahre den Bedarf an modernen, energiesparenden und vielseitig einsetzbaren elektrischen Triebfahrzeugen steigen lassen. Diesen Anforderungen sollte nun die vom Lokomotivbau Elektrische Werke (LEW) in Hennigsdorf gefertigte Mehrzwecklok mit der Betriebsnummer 212 001-2 (Fabrik-Nr. 16323) gerecht werden. Erstmalig sah die Öffentlichkeit den Prototypen im März 1982 auf der Leipziger Frühjahrsmesse. Die neue Lok war auch äußerlich innovativ: Die weiße Lackierung mit bordeauxroten Zierstreifen über dem gesamten Lokkasten verliehen dem Triebfahrzeug ein elegantes Aussehen. So verwundert es nicht, dass die neue Lok den Beinamen „Weiße Lady“ erhielt.

Noch vergingen Monate für Standversuche, ehe 212 001 erstmals am 5. Juli 1982 im Bw Jüterbog ihre Stromabnehmer an den Fahrdraht setzte. Unter den

Nach einem Raw-Aufenthalt kehrt der Prototyp im Oktober 1983 als 243 001 in die Testreihe zurück. Die Lok hat nun 120 km/h statt 160 km/h Höchstgeschwindigkeit, fährt aber unter anderem auch wieder im Reiseverkehr (Zwickau Hbf, März 1984)
Rainer Heinrich

kritischen Blicken der Mitarbeiter des LEW und der Reichsbahn, namentlich der Versuchs- und Entwicklungsstelle der Maschinenwirtschaft (VES M), wurde sie in Betrieb genommen. Die offizielle Endabnahme der 212 001 folgte am 27. August 1982 im Raw Dessau. Dem Bw Halle P zugeordnet, begann im September 1982 die Betriebserprobung der neuen Lok, vorwiegend im schweren Schnellzugdienst auf der Relation Berlin – Halle – Erfurt.

Als Baureihe 212 weilte die „Weiße Lady" erstmals vom 15. bis 17. Dezember 1982 auf dem Diagnose-Messstand in Zwickau. Zwei weitere Messuntersuchungen folgten am 17. Februar 1983 und 8./9.August 1983. Am 6. Juni 1983 befuhr die 212 001 mit einem Messwagen der VES M von Leipzig kommend über Zwickau – Dresden das sächsische Eisenbahndreieck. Zwischendrin gab es eine Pause, um die „Weiße Lady" den Eisenbahnfreunden zu präsentieren; das geschah am 15. Mai 1983 anlässlich einer Sonderzugfahrt des Bezirksvorstands Halle des Deutschen Modelleisenbahnverbands zusammen mit E 04 01. Nach dem dritten Messaufenthalt in Zwickau folgten ab 10. August 1983 mit der neuen Lok beim Bw Dresden Erprobungen des Zugfunks auf der Strecke Dresden – Bad Schandau.

Von 212 zu 243

Im September 1983 – die Lok hatte inzwischen 90.000 Kilometer zurückgelegt – fand im Raw Dessau die vorgeschriebene Probezerlegung der 212 001 statt. Bei dieser Gelegenheit nahm man auch die baureihenbedingte Getriebeänderung zwischen Großrad und Ritzel vor. Am 14. Oktober 1983 verließ die ehemals 160 km/h schnelle 212, nunmehr als 243 001-2 bezeichnet und nur noch 120 km/h schnell, das Dessauer Werk. Erneut kam sie zur Betriebserprobung durch die VES M zum Bw Halle P. Erstmals wurde die Lok nun auch im Güterzugdienst getestet. Am 8. und 9. Februar 1984 weilte die „Weiße Lady" erstmals als Baureihe 243 auf dem Diagnoseprüfstand in Zwickau. Als Vorspannlok am D 766 verließ die Lok am 9. Februar 1984 wieder den sächsischen Bahnknoten und ging nach Halle zurück.

Im Rahmen der Betriebserprobung als 243 war die Lok vom 7. bis 29.März 1984 dem Bahnbetriebswerk Dresden zur Erprobung unter Alltagsbedingungen zugeordnet. Der Einsatzplan war vielfältig konzipiert. 243 001 fuhr vorwiegend in leichten Plänen der Baureihe 250 (Schnellzugdienst) und in Güterzugplänen der Baureihe 242. Dabei gliederte sich die Erprobungszeit in Sachsen in zwei Abschnitte. Bis zum 22. März 1984 war die Lok vorrangig auf der schwierigen Verbindung zwischen Dresden und Reichenbach vor den Zügen D 466 / D 965 im Einsatz. Nachts wurden von Dresden-Friedrichstadt aus Güterzüge über Freiberg nach Karl-Marx-Stadt-Hilbersdorf bespannt. Ab 23. März 1984 war 243 001 vor den Schnellzügen D 77 / D 913 auf der Relation nach Berlin (Rangsdorf) und Bad Schandau im Einsatz.

Am 29. März 1984 verließ die Lok Dresden und wurde letztmalig für mehrere Tage auf dem Diagnoseprüfstand in Zwickau überprüft. Am 2. April 1984 rollte 243 001 dann zurück nach Halle. Noch im Sommer 1984 erklärte die VES M die Erprobung der „Weißen Lady" für abgeschlossen. Die Technik der Baureihe 212/243 hatte ihre Feuertaufe bestanden.

Die Serienfertigung

Bereits Ende Oktober 1984 wurden die Loks des ersten Bauloses an die Deutsche Reichsbahn ausgeliefert. Am 12. Oktober 1984 nahm die DR Lok 243 003 ab, am 25. Oktober Lok 243 002. In den Bahnbetriebswerken Halle P und Erfurt gingen die ersten Serienloks in den Plandienst. Das Bw Dresden erhielt mit 243 006–008 im November/Dezember 1984 die ersten fabrikneuen Maschinen. Außerdem wurde das Bw Garantiestützpunkt für die Neubauloks der Baureihe 243. Die nächste Ellok-Generation hatte bei der DR Einzug gehalten. Und was damals noch keiner wusste: Die Baureihe 243, welche mit der „Weißen Lady" ihren Anfang genommen hatte, wurde zur meistgebauten Reichsbahn-Elektrolok und – nach der DB-Baureihe 140 – zur zweitmeistgebauten Ellok-Serie in Europa. Nicht weniger als 646 Serienloks kamen von 1984 bis 1990 zur DR.

RAINER HEINRICH

Im Schnellzug- wie im Güterzugdienst musste sich 212/243 001 zwischen 1982 und 1984 beweisen. Die Versuche überzeugten die DR; der „Weißen Lady" folgte 1984 die Serienproduktion der Baureihe 243
Rainer Heinrich

Berühmt – besonders

Die „Hängepartie“ zwischen Fortschritt und Fortführung des Bewährten begleitet die DR durch die Ära Honecker hindurch. Das macht auch den Reiz der Reichsbahn aus; selbst wenn sie das Betriebsgeschehen deutlich verändert hat

Die Strecken in der Altmark sind bekannt für ländliche Idylle und urige Züge. 64 1189 macht mit P 7322 Salzwedel – Badel – Kalbe (Milde) in Jeggeleben Süd Station (Mai 1972)
Ralph Lüderitz

Spektakuläre Kunstbauten und schwere Züge sind ja schon ein Plus der Rübelandbahn, aber was sie bei der DR einzigartig macht, ist der Inselbetrieb. Nur hier fahren Elloks mit 25 kV/50 Hz Wechselstrom. Im Februar 1982 poltert 251 014 mit ihrer Wagenreihe über das Kreuztal- oder auch Krocksteinviadukt

Gert Schütze

Fundgrube DR

Vom Bahnhof aus der Eisenbahn-Frühzeit bis zur Diesellok aus sowjetischer Produktion: Bei der Reichsbahn kommen verschiedene Epochen zusammen, garniert mit Eigenheiten der DR selbst. Ein Fest für Fotografen und für Fans.

Der älteste im Betrieb befindliche Kopfbahnhof Deutschlands steht in Leipzig: Der Bayerische Bahnhof wurde 1842 errichtet; 1978 enden hier unter anderem Personenzüge aus Karl-Marx-Stadt und Zwickau. 204 001 setzt nach der Ankunft um und passiert dabei den Portikus
Rammelt/Slg. Gert Schütze

Eine imposante Hebelbank und zwei Eisenbahner als Personal machen im Frühjahr 1988 das Stellwerk in Nordhausen aus. Die Technik der Vorkriegszeit bewährt sich unverändert im Alltag
Volker Emersleben

Gelassen schaut der Reichsbahner von Schrankenposten 54 in Etzelbach bei Uhlstädt seinen Aufgaben entgegen. Immerhin: Auf der Saalbahn Göschwitz – Saalfeld fahren auch einige Schnellzüge, unter anderem von Berlin nach Saalfeld und von Dresden nach Katzhütte
Bodo Schulz

Die Mallet-Dampfloks auf der Selketalbahn im Harz sind einer der Glanzpunkte im an Attraktionen nicht gerade armen Schmalspurnetz der DR. Am 1. Oktober 1988 faucht 99 5904 mit ihrer Wagengarnitur auf der Selketalbahn durch Mägdesprung

Bodo Schulz

links: „Wumme" oder „Taigatrommel" lautet der Spitzname für die aus sowjetischer Produktion stammende 120. Kein Wunder angesichts der brummenden Geräusche, welche die Diesellok von sich gibt. Am 30. April 1984 hört man das auch in Belzig (Mark)
Bodo Schulz

oben: Preisfrage: Gibt es 1980 noch Läutewerke bei der Deutschen Reichsbahn? Antwort: Ja, eines – zu finden am Schrankenposten 50 am Bahnhof Bad Brambach. Das Läuteverfahren überwindet etwaige Sprachbarrieren an der Strecke, die sieben Mal die Grenze zwischen der DDR und der CSSR kreuzt
Carl-Ernst Zimmer/Historische Slg. der DR

Zugnummern

Die Expresszüge 66/67 „Karlex“ und 70/71 „Vindobona“ gehören zum Besten, was die DR im Zugbetrieb zu bieten hat. Aber es geht auch ein bisschen kleiner: Viele namenlose Personenzüge und ihre Laufwege sind nicht weniger interessant als die „hohe internationale Klasse“.

Wintermärchen mit der Baureihe 94; zusammen mit zwei „Donnerbüchs-Wagen“ der Vorkriegs-Reichsbahn ist die preußische Tenderlok in den frühen 70er-Jahren in Thüringen unterwegs
Dr. Dietmar Beckmann

Mit dem Expresszug „Karlex“ Berlin – Leipzig – Karlsbad (Karlovy Vary) brilliert die Reichsbahn im internationalen Reiseverkehr – auch dank der Baureihe 175. Im September 1975 ist einer der eleganten DR-Schnelltriebzüge in diesem Zuglauf eingesetzt; als Ex 67 wartet er in Leipzig Hbf auf die Weiterfahrt nach Süden
Hans-Joachim Lange

Achtung, sie kommt! Im Sommer 1982 gibt es von den Personenzügen in der Börde spannendes zu berichten – neben zwei Loks der Baureihe 41 ist eine 01.5 in die Umläufe eingebunden. Am 25. Juni verlässt 01 1512 mit ihrer Fuhre Güsten in Richtung Schönebeck
Rainer Heinrich

„Apfelsinenzug“

Etwas unerwartet kam die DR 1976 in den Besitz moderner Reisezugwagen. Diese verwendete sie für einen neuen, höherwertigen Reisezug: den Städteexpress. Er verband die Bezirksstädte mit (Ost-)Berlin

Das Städteexpress-Angebot 1986/87; mit einer solchen Übersicht wurde es zum Beispiel im Kursbuch der DR beworben
Bodo Schulz

Seit dem Oktober 1960 setzte die Deutsche Reichsbahn auf verschiedenen Magistralen die D-Züge im Städteschnellverkehr ein. Sie hielten nur an ausgewählten Bahnhöfen (der Bezirksstädte), doch wiesen sie außer einer kleinen äußerlichen Kennzeichnung am Zuglaufschild keine qualitative Verbesserung im höherwertigen Reiseverkehr auf.

Das sollte sich 1976 ändern. Die Tschechoslowakischen Staatsbahnen (CSD) hatten eine Lieferung des VEB Waggonbau Bautzen über 103 Y-Reisezug-Wagen (Länge 24,60 Meter) nicht abnehmen können; daraufhin gingen der Reichsbahn erstmals neu gebaute Fahrzeuge zu. Im Einzelnen waren dies 43 Wagen der 1. Klasse und 60 der 2. Klasse. Im Inneren gab es die damalige „Plüschausführung“ der 1. Klasse einschließlich Teppichen, in der 2. Klasse einen roten Kunstlederbezug. Die Abteilwagen besaßen grundsätzlich sechs Sitzplätze je Abteil.

Neue Gattung für neue Wagen

Aufbauend auf diesem Wagenmaterial schuf die Deutsche Reichsbahn inmitten des zweiten Fahrplanhalbjahres 1976 eine neue Zuggattung, die Städte-Expresszüge. Sie verbanden fortan die Bezirksstädte mit der Hauptstadt der DDR; das Ziel war, Berlin bis spätestens 10 Uhr zu erreichen. So fuhren die Züge zumeist in der Stunde Sechs ab.

Der Waggonbau Bautzen lieferte die Wagengarnituren in einem neuartigen Farbkleid in Orange-Weiß aus, so dass die Städteexpress-Züge oft als „Apfelsinenzüge“ bezeichnet wurden. Apfelsinenzüge hießen sie aber nicht allein wegen der Farbe, sondern auch deswegen, weil viele Berufspendler sie für eine Einkaufstour in die Hauptstadt und zurück nutzten. Zumeist bestanden die Züge aus fünf bis sechs Wagen der 1. und 2. Klasse sowie einem farblich passenden Speisewagen mit 24 Sitzplätzen. Im Zugbild wirkte dieser aber trotzdem merkwürdig, da er auf der Basis der so genannten Rekowagen vom Raw Halberstadt gebaut worden war und nur 18,70 Meter Länge (Gattung WRge) hatte.

Zu den Fahrgästen gehörte ein breit gestreutes Publikum, von zahlreichen Dienstreisenden und Schichtarbeitern der DR in der 1. Klasse bis hin zu Bauarbeitern in der 2. Klasse. Spötter bezeichnen ihn heute abfällig als Bonzenschleuder – was nicht stimmte, denn die Parteifunktionäre fuhren Auto. Vielmehr sollten mit den Zügen Bauarbeiter zu den Aufbauzentren nach Berlin gebracht werden, Berufsreisende zu ihren Gesprächsterminen in den Mutterbetrieben oder zu den Ministerien.

Als Jugendobjekt geführt

Die DR übergab die Züge als Jugendobjekt zumeist jungen Zugführern und Schaffnern. Doch so mancher Jugendbrigade gehörten auch ältere Kollegen an. Dieses Prestigeobjekt zu begleiten, machte den Zugbegleitern Freude; einerseits war der Zug selten überfüllt, andererseits wurde das Flair im Zug geachtet. Und aufgrund der zentralen Türschließeinrichtung konnte der Zugführer alle Türen auf einmal schließen – pünktliche Abfahrten waren nun garantiert. Besonders in Berlin-Lichtenberg taten sich die Züge damit hervor, gab es doch dort parallele Abfahrten und Ankünfte.

Alle Wagen waren im Bahnbetriebswagenwerk (Bww) Berlin-Lichtenberg beheimatet, obwohl sie nachts und an den Wochenenden in anderen Orten standen und dann für verschiedenste Sonderzugfahrten auch genutzt wurden. Eine besondere Herausforderung für alle Bww war die Sauberkeit – innen wie außen. Aufgrund der (Pfand suchenden) Flaschensammler an den Endstationen hatte sich ein Problem dabei zumeist von allein gelöst.

Zugloks und weitere Entwicklung

Bei der Traktion setzte die DR zunächst auf zwei Lokomotiven der Diesellok-Baureihe 118 sowie kurz darauf auf die Baureihe 132. Mit der fortschreitenden Elektrifizierung kamen vermehrt elektrische Zugpferde der Baureihen 211, 250 und auch 243 zum Einsatz. Das brachte dann auch Unterwegshalte zum Umspannen. Ansonsten fuhren diese Expresszüge (Gattung Ex – 5 Mark Aufschlag statt 3 Mark D-Zug) von Bezirksstadt zur Hauptstadt nahezu nonstop. Und die Pünktlichkeit wurde besonders überwacht. So war der Städteexpress „Petermännchen“ mit 98 km/h Reisegeschwindigkeit der schnellste Zug im 120 km/h-Netz der DR. Auch die vorgespannten Lokomotiven glänzten. Dampflokomotiven sah man vor diesen Zügen dagegen nur sehr selten an Wochenenden.

Ein Jahrzehnt später kamen Gegenrelationen aus Berlin hinzu. Die DR verfügte über neue Wagen. Diese stammten aus dem Raw Halberstadt und wiesen 26,40 Meter Länge vor (Gattung Am, Bm). Die Ausrüstung wurde spartanischer, in der 2. Klasse beschriftete man acht Sitzplätze, obwohl die verstellbaren Armlehnen nur sechs Reisenden Platz boten. Bei vollen Zügen klappten freundliche Reisende diese hoch und boten die zwei Plätze an. So blieb der Städteexpress über die Honecker-Zeit und die Wende hinaus bestehen. Erst zum Fahrplanwechsel 1991/1992 wurden alle Städteexpresszüge eingestellt; sie verkehrten danach als D-Züge.

MICHAEL REIMER

Am 25. Oktober 1976 nimmt der Städteexpress „Rennsteig“den Betrieb auf. Wie auf dem Zuglaufschild angegeben, waren die Züge als „Jugendobjekt“ deklariert. Sie wurden von jungen Reichsbahnern begleitet
Alfred Schulz/Hist. Slg. d. DB

Die Städteexpress-Züge

Name	Zug-Nr.	Inbetriebnahme	Laufweg
„Elstertal“	Ex 100/107	01.11.1976	Gera – Leipzig Hbf – Berlin-Lichtenberg[1]
„Stoltera“	Ex 121/126	15.11.1976	Rostock Hbf – Oranienburg – Berlin-Lichtenberg
„Petermännchen“	Ex 131/126	06.12.1976	Schwerin Hbf – Berlin-Lichtenberg
„Börde“	Ex 141/146	29.11.1976	Magdeburg Hbf – Potsdam Hbf[2] – Berlin-Lichtenberg
„Rennsteig“	Ex 150/157	25.10.1976	Meiningen – Suhl[3] – Arnstadt – Erfurt Hbf – Halle – Berlin-Lichtenberg
„Elbflorenz“	Ex 170/177	08.11.1976	Dresden Hbf – Dresden Neustadt – Berlin-Lichtenberg[4]
„Sachsenring“	Ex 172/1754	22.11.1976	Zwickau (S) Hbf – Karl-Marx-Stadt Hbf – Berlin-Lichtenberg
„Fichtelberg“	Ex 172/175	03.06.1984	Karl-Marx-Stadt Hbf[5] – Berlin-Lichtenberg
„Lipsia“	Ex 161/166	27.05.1979	Berlin-Lichtenberg – Leipzig Hbf
„Berlin-Express“	Ex 171/176	02.06.1985	Berlin-Lichtenberg – Dresden Hbf
„Berliner Bär“	Ex 151/156	01.06.1986	Berlin-Lichtenberg – Halle (S) Hbf – Erfurt Hbf
„Thomaner“	Ex 162/162	27.05.1990	Berlin-Lichtenberg – Leipzig Hbf

1) bis 22.05.1977 Berlin Ostbahnhof, dann Berlin-Lichtenberg; 2) ab 25.09.1977 Halt in Potsdam; 3) ab 15.05.1984 Halt in Suhl, Arnstadt Lokwechsel und Zusatzwagen; 4) ab 03.06.1984 Ex 160/167 und Halt in Leipzig Hbf; 5) bis 29.05.1989 über Dresden Neustadt; Züge von Süden mit Halt in Flughafen Berlin-Schönefeld

Die Uhr zeigt fünf nach zwölf, als 50 3658 im August 1983 mit ihrem Güterzug durch Penig kommt. Man könnte die Zahlenkombination auch symbolisch verstehen, doch nicht in diesem Fall. Denn die Zeit ist für kohlegefeuerte Dampflokomotiven noch lange nicht abgelaufen
Rudolf Heym

DAMPFLOK-ABGANG UND DAMPFLOK-RÜCKKEHR

Der lange Abschied

Schon 1981 wollte die Reichsbahn die Normalspur-Dampfloks abstellen, doch erst 1988 kam das offizielle Ende. Selbst danach gab es noch Ausnahmen. Einstweilen sorgte die Dampf-Renaissance für eine Menge Überraschungen

Zu den Verlierern gehören die Tenderdampfloks der Baureihe 95. Mit der Ölkrise sind die ölgefeuerten Maschinen im Unterhalt zu teuer, Anfang 1981 stellt die Reichsbahn sie ab. Zur Abschiedsfahrt mit 95 0027 zeigen sich Eisenbahner mit ihrer „Bergkönigin" für ein Erinnerungsbild in Lauscha
Wolfgang Dath

In einem Fernsehinterview erklärte 1978 Verkehrsminister Otto Arndt, dass zum Ende des Fünf-Jahr-Planes alle Dampflokomotiven abgestellt sein werden. Das wäre 1981 gewesen. Heute wissen wir es besser. Es gab zwar das große Aus für die Schnellzug-Dampfloks zwischen Berlin und Dresden, wo sich Reko-Loks 01.15 und Altbau-Loks 01.20 zum 24. September 1977 verabschiedeten; auch Leipzig schickte seine 03.20 am 30. September 1978 aufs Altenteil bzw. zum 26. Mai 1979 nach Wittenberge. Die Berliner 01er fuhren nur bis zum 30. September 1979 nach Stettin, die Stralsunder 03.00 bis 31. Mai 1980 nach Berlin. Aber bei all diesen Maßnahmen: Es ging noch Jahre weiter.

Denn die Ölkrise brachte um 1980/1981 alles durcheinander. Viele ölgefeuerten Maschinen wurden abgestellt: Loks der Baureihen 44 und 50 in Wittenberge, Wismar, Eberswalde, Angermünde, Pasewalk, Loks der Baureihen 01.5 und 44 in Saalfeld. Das Ende der Berg-königin, der (ebenfalls ölgefeuerten) Baureihe 95, wurde gleich im Februar 1981 besiegelt. Wochen später fuhr die letzte Saalfelder 01.

Zurück in den Dienst

Angesichts der Ölknappheit wurden andere rostgefeuerte Exemplare reaktiviert, zum Teil von Heizlokständen geholt und für den Streckendienst fit gemacht. Einst ölgefeuerte Lokomotiven wurden auf Rostfeuerung zurückgebaut, kamen aber zumeist über Heizdienste nicht hinaus. Selbst Museumslokomotiven ereilte dieser Rückbau. Das Intermezzo hielt zum Teil nur bis 1982/1983. Und doch ging es wieder kurz weiter – in Nossen oder Karl-Marx-Stadt-Hilbersdorf. Zwischen Schlettau und Crottendorf pendelte eine 86er-Tenderlok. Selbst eine Schnell-

Gepflasterte Laderampe, ein preußisches Empfangsgebäude und nebenan eine rekonstruierte Kriegslok, die schnaufend Wagen rangiert: Im Juni 1986 bieten der Bahnhof Weichensdorf und 52 8197 mit ihrem Nahgüterzug Bahnbetrieb vom Feinsten. Sicher, es ist im Prinzip nur volkswirtschaftliches Umdenken. Aber eines, das anerkennende Blicke findet ... auch hier
Bodo Schulz

zuglok 01 oder 03 feierte noch einmal eine Rückkehr vor D-Zügen im Saaletal oder im niedrigen Dienst nach Köthen und Aken.

Nach und nach erloschen dann die (Dampflok-) Feuer in Falkenberg, Kamenz, Bautzen oder Stendal, Salzwedel. Oft blieben nur „Alt-Herren-Pläne“ in Altenburg oder zum täglichen „Dampfloktreffen“ in Weichensdorf von Frankfurt (Oder) und Cottbus aus übrig. Womit nur einige der letzten Leistungen genannt sind.

Vor allem die zahlreichen Heizlokdienste mit eigenen qualmenden Anfahrten innerhalb der Hauptstadt der DDR erzürnten Arndt – aber nicht wegen wirtschaftlicher Aspekte, sondern aus ganz privaten Gründen. Er wohnte in Baumschulenweg, dicht bei Schöneweide. Künftig musste man den Außenring nach Pankow und Lichtenberg nutzen.

Heute streiten sich die Experten im Netz, ob der tägliche Sonderdienst einer Falkenberger 52er ein Plandienst oder ein Sonderdienst einer täglich bereitstehenden „Dispo“-Lok war. So viel lässt sich sagen: Nach der Abschiedsfahrt des Bw Brandenburg am 16. Oktober 1987 kam 52 8184 noch zum Bauzugdienst.

Im Erzgebirge, zwischen Schlettau und Crottendorf, darf sich in den 80er-Jahren die Tenderlok-Baureihe 86 beweisen – welch malerischer Nebenbahn-Dampfbetrieb! (86 1501 in Crottendorf, um 1982)
Gert Schütze

Verschnaufpause für das Personal der 52 8056 im Bw Bautzen, 1985. Während Eisenbahnfreunde die Dampflok-Einsätze enthusiastisch begleiteten, war der Dienst für Lokführer und Heizer nicht ohne Strapazen
Volker Emersleben

Und das planmäßige Dampf-Aus war gegeben, wenn die Reichsbahn den Dienstplan formell von Dampf auf Diesel umgestellt hatte und nicht eine fahrfähige Heizlokomotive im Sommer ihre Fristen zur Einsparung von Dieselkraftstoff abfuhr.

Im November 1986 hatte das Bw Saalfeld für die Einsatzstelle Göschwitz den Einsatz der Baureihe 41 beendet. Am letzten Tag gab es Plandampf vom Feinsten: 01 1531 fuhr D-Züge, die 44 1093 Güterzüge und die drei 41er mühten sich vor verschiedensten Zügen! Währenddessen fuhren im Norden beim Bw Angermünde noch 52er auf den Nebenbahnen. Zur Streckelektrifizierung entdeckte so manches Bw wieder die 52er für den zu beheizenden Betonmischzug. Selbst das seit Jahren dampffreie Bw Neustrelitz hatte wieder eine Dampflok.

Dem Dampf-Aus entgegen

Doch das Ende im Plandienst war absehbar, aber es vollzog sich etappenweise – immer wieder ergänzt durch sehenswerte Abschiedsveranstaltungen. So gab es ein gigantisches Stelldichein mit mehreren Sonderzügen des Deutschen Modelleisenbahn-Verbands (DMV) und der DR am 23. Mai 1987 in Kamenz zum dortigen Dampf-Ende. Plötzlich stand die farblich unansehnliche 52 8138 da und der Lokführer übergab das Betriebsbuch dem Bw-Chef. Zum Jubiläum „60 Jahre Baureihe 86“ verabschiedete die Rbd Dresden mit dem DMV im Bw Glauchau am 11. und 12. Juni 1988 ihre letzte Plan-Dampflok. Hier fuhr Lok 50 3670 mit großem Schild und langem Pfeifkonzert in den Schuppen ein und die Tore schlossen sich …

Saalfeld hat für Eisenbahnfreunde einen nahezu magischen Klang. Viele Dampfloks, der große Bahnhof und die brillante Übersicht von der Brücke auf der Nordseite sprechen für sich. Die Dampf-Hochburg macht ihrem Ruf auch im Dezember 1981 alle Ehre, als 41 1125 vor einem Personenzug auftrumpft
Gert Schütze

Im Mai 1986 sieht der Dienst im Bw Engelsdorf bei Leipzig nur wenig anders aus als zehn oder 20 Jahre vorher. Mächtige Güterzuglokomotiven haben hier ihre Heimstatt: 52 8028 und 44 1614 – wobei die 44 bloß noch als Heizlok verwendet wird
Rudolf Heym

Somit blieb 1988 nur ein Umlauf für drei Dampfloks in der Einsatzstelle Oschersleben. Dem „Mutter"-Bw Halberstadt kam die Ehre zu, am 29. Oktober 1988 die letzten Umläufe zwischen Magdeburg – Halberstadt und Thale mit Dampflokomotiven zu fahren. Damit endete offiziell der regelspurige planmäßige Dampflok-Einsatz bei der DR.

Doch von einem absoluten Ende konnte nicht die Rede sein. Geheizt mit Dampflokomotiven wurde auch weiterhin. Rund 400 regelspurige Exemplare der Baureihen 41, 44, 50, 52 und einiger Einzelgänger in unterschiedlichsten Zuständen blieben über die Honecker-Zeit hinaus im Einsatz. Sie erlebten die Wende und (zumeist nur in den Unterlagen) sogar noch ihre Umzeichnung. So manche Normalspur-Dampflok verschlug es nach dem Dampf-Abschied vom Oktober 1988 noch in den Streckendienst – zwar als Ausnahme, aber immerhin. Für dampfbegeisterte Eisenbahnfreunde lohnte sich der Besuch bei der DR also auch über den Oktober 1988 hinaus.

Michael Reimer/GM

Die großen Räder bestaunen, dem zischenden Dampf lauschen und in die Ferne schweifen ... nein, das ist keine Kindheitserinnerung aus den 50er-Jahren, das ist real existierender Dampflokbetrieb 1981! Zum Beispiel im Leipziger Hauptbahnhof
Dirk Höllerhage

44 1614-5
52 8028

Im Mai 1988 entfaltet 01 1531 im Saaletal ihre Kraft; mit ohrenbetäubendem Getöse beschleunigt sie unterhalb von Burg Kahla ihren Zug. Eineinhalb Jahre zuvor war die Maschine beim Dampflok-Abschied in Saalfeld dabei, jetzt bespannt sie manche Sonderleistung
Dirk Höllerhage

Am 29. Oktober 1988 kommt das offizielle Ende des Normalspur-Dampfes bei der Reichsbahn. Zum Abschied ist 50 3559 einen Tag lang von Halberstadt aus unterwegs, im Bild in Magdeburg Hbf
Bodo Schulz

Mit D 914 Stralsund – Berlin und 03 0010 verlässt die Dampftraktion am 31. Mai 1980 das Bahnbetriebswerk Stralsund. Es ist zunächst das Ende der dampflokbespannten Schnellzugleistungen bei der DR; im Bild der Abschiedszug in Pasewalk
Eckhard Ebert/Slg. Gert Schütze

Hochbeinige Gäste

Rund ein halbes Jahr lang kamen 1982 zwei Reko-01 im Harzvorland bzw. in der Börde zum Einsatz. Es waren keine hochwertigen Dienste, aber die kohlegefeuerten Lokomotiven halfen wertvollen Dieselkraftstoff einzusparen

Im Dezember 1981 beendete die Reichsbahn endgültig den Einsatz der 01.5 beim Bahnbetriebswerk (Bw) Saalfeld. Einige Loks, die noch Kesselfristen besaßen, fanden als Heizlok Verwendung. Für zwei der Maschinen sollten sogar bald darauf wieder Einsätze im Zugbetrieb folgen.

In Gerstungen waren 01 1511 und 01 1512 konserviert abgestellt worden. Am 9. November 1981 schickte das Bw Saalfeld sie zur Reichsbahndirektion (Rbd) Magdeburg. Die 01 1511 kam zunächst zum Bw Stendal und ersetzte dort einen ausgefallenen Dampfspender der Baureihe 41; vom 10. Dezember 1981 bis 8. Februar 1982 nutzte man sie als Heizlok. Die 01 1512 verblieb in Magdeburg und wurde ab 7. Dezember 1981 Heizlok in der Einsatzstelle Rothensee, als Nachfolgerin für die nach Thüringen abgegebene Lok 41 1225. Als der Stendaler Dampfspender wieder betriebsbereit war, wurde am 9. Februar 1982 auch 01 1511 von Stendal nach Magdeburg-Rothensee umgesetzt, wo sie im Austausch für 41 1159 als Heizlok zum Einsatz kam. Beide Magdeburger 41er-Heizloks erhielten im Reichsbahnausbesserungswerk (Raw) eine Hauptuntersuchung und kamen als Betriebsloks in die Rbd Magdeburg bzw. nach Saalfeld. So heizten im Februar 1982 mit 01 1511 und 01 1512 zwei kohlegefeuerte 01.5 im Güterzug-Bw der Einsatzstelle Magdeburg-Rothensee; das Schicksal der hochbeinigen Renner schien besiegelt.

Zurück in die Zugförderung

Aber wie so oft in der Dienstzeit einer Lokomotive kam es anders. Anfang März 1982 verfügte die Rbd Magdeburg das Ende des Heizlokeinsatzes von 01 1511 und 01 1512 in Magdeburg-Rothensee; die Loks sollten wieder Aufgaben in der Zugförderung übernehmen.

Am 25. Juni 1982 hat 01 1512 den Personenzug 3226 Sangerhausen – Güsten am Haken und fährt gerade aus Sandersleben aus. Im März des Jahres hat die Reichsbahn die Heizlok für den Personenzugdienst reaktiviert
Rainer Heinrich

Am 6. März 1982 kam 01 1511 zum Bw Halberstadt, wo sie ab 10. März 1982 zunächst bis zum Fahrplanwechsel Ende Mai in einen alten 01er-Umlauf eingelegt wurde. Dort bespannte sie (Mo–Fr)

- P 8433 Halberstadt ab 09:56 Uhr – Magdeburg an 10:54 Uhr,
- P 8436 Magdeburg ab 16:03 Uhr – Halberstadt an 17:10 Uhr,
- P 8437 Halberstadt ab 18:40 Uhr – Magdeburg an 19.41 Uhr
- Containerzug Ce 46770 Magdeburg-Sudenburg – Halberstadt.

Wochenends fuhr 01 1511 P 19408/19413 Halberstadt – Thale.

Die Schwesterlok 01 1512 wurde am 6. April 1982 vom Bw Güsten übernommen, um auf den Einsatz im Sommerfahrplan 1982 in einem Umlauf mit der Baureihe 41 vorbereitet zu werden. Zusammen mit 41 1062 und 41 1159 fuhr 01 1512 ab 23. Mai 1982 in einem dreitägigen Umlauf mit den Wendebahnhöfen Sangerhausen und Schönebeck-Salzelmen. Die dabei vorgesehene Fahrt nach Lutherstadt Wittenberg konnte 01 1512 aber nicht übernehmen, weil die 01.5 nicht über die Elbebrücke bei Roßlau fahren durfte. Deshalb wechselten immer die 41er mit dem Tagesziel Wittenberg. Nach dem Zugang der 41 1303 am 28. Mai 1982 in Güsten wurde 41 1062 an das Bw Oebisfelde abgegeben. Merkwürdigerweise blieb es zunächst beim 01er-Einsatz im 41er-Umlauf, obwohl sich der Rampeneinsatz der 01 1512 mit ihren großen Rädern am „Riestädter Berg“ bei Sangerhausen als nicht gerade günstig erwies. Planleistungen von Güsten nach Sangerhausen waren die Züge P 3223 Sangerhausen an 08.42 Uhr/P 3226 Sangerhausen ab 14:01 Uhr über Güsten nach Magdeburg. In der Mittagspause in Sangerhausen wurden unter anderem Güterzüge nach Blankenheim nachgeschoben. Kurzzeitig gab es auch einen Nahgüterzug nach Berga-Kelbra von der 01 zu bespannen.

Eine Wende für den 01.5-Einsatz kam bereits im Juli 1982, nachdem 41 1132 neu zur Verstärkung von 41 1159 und 41 1303 nach Güsten kam. Daraufhin ging 01 1512 am 21. Juli als Reservelok in die Einsatzstelle Staßfurt, obwohl es auch Überlegungen gab, die Lok als Ersatz für 01 1511 nach Halberstadt umzubeheimaten. Glücklicherweise blieb 01 1512 aber noch greifbar. Ab 21. August 1982 musste sie wieder im 41er-Umlauf aushelfen, nachdem 41 1159 durch einen Wasserschlag ihre Treibstangen deformiert hatte.

Derweil stand der Einsatz der Halberstädter 01 1511 nicht unbedingt unter einem guten Stern. Ab Sommerfahrplan 1982 hatte man ihren Umlauf bis nach Thale erweitert. Dorthin kam die Lok als Lokzug-Fahrt oder mit einem Leerreisezug; auf der Rückfahrt bespannte sie P 8435 nach Magdeburg, der in Thale um 16:21 Uhr abfuhr. Nach nur wenigen Wochen Einsatz wurde 01 1511 wegen eines Schadens am 22. Juli 1982 abgestellt. Die markante Diesellok 118 059 des Bw Halberstadt übernahm ihre Leistung.

Zum Fahrplanwechsel wurde 01 1512 am 22. September 1982 an das Bw Magdeburg umbeheimatet, wo die Lok in einem dreitägigen 132er-Umlauf des Bw Magdeburg Verwendung fand. Sie bespannte das Zugpaar D 641 Magdeburg – Berlin-Baumschulenweg/ D 1194 (Militärzug) Berlin-Köpenick ab 12:12 Uhr, Magdeburg an 15:13 Uhr. Ganze drei Tage dauerte der Schnellzugeinsatz. Am 30. September 1982 erlitt 01 1512 vor D 1194 einen Luftpumpenschaden und musste durch eine Diesellok ersetzt werden. Sie stand dann längere Zeit zur Bedarfs-Ausbesserung im Bw Halberstadt (Warten auf Ersatzteile, Vorbereiten Heizdienst, Elementetausch usw.).

Zurück in den Heizdienst

Wenig später kam von der Hauptverwaltung der Maschinenwirtschaft in Berlin die Verfügung, sämtliche 01er nicht mehr im Zugdienst einzusetzen, sondern nur noch als Heizlok zu verwenden. Damit kam auch die zweite Reko-01 der Direktion Magdeburg auf das Abstellgleis. Mehrere Monate stand 01 1512 arbeitslos in Halberstadt; die Schwesterlok 01 1511 war zwar seit Dezember 1982 Reserve-Heizlok im Bw Blankenburg, aber zumeist in Oschersleben hinterstellt. Eine für April 1983 vorgesehene Abschiedsfahrt mit 01 1512 vor den Zügen D 641/D 1194 fand „auf höhere Weisung“ nicht mehr statt. Doch wurde 01 1512 im Jahr 1983 an das Bw Blankenburg verliehen. Am 14./15. Oktober 1984 veranstaltete dann der Deutsche Modelleisenbahner-Verband (DMV) Abschiedsfahrten mit den Reko-01ern durch die Börde.

Damit war das Ende der Baureihe 01 in der Rbd Magdeburg gekommen. Beide Reko-01er hat man im Dezember 1985 verschrottet; 01 1511 im Raw Halberstadt und 01 1512 im Raw Leipzig.

RAINER HEINRICH/GM

Blick auf die Lokführerseite der 01 1511 mit den Führerstandsanschriften des Bw Halberstadt. Diese Dienststelle war der letzte Einsatzort der stolzen Reko-Dampflok
Rainer Heinrich

Aus für die Kraftpakete

Sie war die zweitstärkste Dampflok der Deutschen Reichsbahn, dennoch hatte die 58.30 im Jahr 1981 ausgedient. Die Abstellung beim Bw Glauchau kam sogar überraschend schnell

Anfang Februar 1981 kann man 58 3028 noch täglich vor Güterzügen zwischen Glauchau und Oelsnitz/Erzgebirge erleben. Nach einem Rangieraufenthalt im Bahnhof Lichtenstein setzt sie ihre Fahrt kraftvoll fort
Rainer Heinrich

Zuletzt war es nur noch die Zugförderung auf der Kursbuchstrecke 419, von Glauchau über St. Egidien nach Oelsnitz, Wüstenbrand und Stollberg/Erzgebirge. Ab Winterfahrplan 1980/81 teilten sich die Lokomotiven 58 3028 und 3032 die hier vorgesehenen Leistungen. Überzählige 58.30 des Bahnbetriebswerks Glauchau, die noch Kesselfristen besaßen, hatte man kurzfristig als Heizlok umgesetzt: 58 3006 nach Rochlitz, 58 3017 und 58 3030 nach Rostock, 58 3023 und 58 3024 nach Zwickau; 58 3036 heizte im Bw Glauchau selbst.

Das plötzliche Ende

Zunächst lief noch der Betrieb mit den rekonstruierten preußischen G 12 wie geplant. Doch im Februar 1981 endete unvorhergesehen und früher als geplant die Einsatzzeit der Baureihe 58.30. Kohlelieferungen aus Polen waren ausgeblieben und hatten die DDR in eine ernste Lage manövriert. Mit weitreichenden Folgen für die Dampfloks: Per Fernschreiben verfügte die Reichsbahndirektion (Rbd) Dresden die sofortige Abstellung aller Dampflokomotiven. Und so nahm das

Bw Glauchau am 12. Februar 1981 die letzten beiden 58.30 aus dem Betrieb. 58 3028 war die letzte Planlok im Einsatz und wurde am Vormittag des 12. Februar während des täglichen Restaurierungsaufenthalts im Bw Glauchau zusammen mit der Reservelok 58 3032 kaltgestellt. Die Planleistungen – zunächst stand der Güterzug 57605 an – übernahmen am 12. Februar 1981 zwei Diesellokomotiven der Baureihe 110. Tags darauf kamen die Dieselloks 118 651 und 118 728 nach Glauchau; ihnen folgten 118 658 am 17. Februar 1981 und schließlich 118 652 am 28. Februar 1981. Mit dem vom Bw Dresden umstationierten Quartett stabilisierte sich die Loksituation, die 118 übernahmen alle Planleistungen. Mit einer kleinen Ausnahme: 58 3028 bespannte am 20. Februar 1981 noch einmal die Güterzüge N 57605/65322 nach Oelsnitz/Erzg., damit ein Beschäftigter des Bw Glauchau seine Dampflokführerprüfung ablegen konnte. Dann aber war nach nur reichlich zehn Jahren der Einsatz der Baureihe 58.30 im Bw Glauchau beendet.

Übersicht: die letzten 58.30

Das Bw Glauchau war für die Baureihe 58.30 der Deutschen Reichsbahn das Auslauf-Bw. Im Februar 1981 beheimatete es noch sieben Maschinen, die wie folgt Verwendung fanden:

- 58 3006: Vom 8. Dezember 1980 bis zum Ablauf der Kesselfrist am 2. April 1981 Heizlok in der Einsatzstelle Rochlitz, Zurückstellung von der Ausbesserung (z-Stellung) am 31. Mai 1981, Ausmusterung am 17. August 1981, am 6. Oktober 1981 abgefahren zur Zerlegung ins Raw Cottbus.
- 58 3023: Seit 28. August 1980 Heizlok in der Einsatzstelle Zwickau, dort z-Stellung am 1. Februar 1981, Ausmusterung am 17. August 1981, Zerlegung im Raw Meiningen am 20. November 1981.
- 58 3028: – letzte Betriebslok im Plandienst bis 12. Februar 1981, Kesselfrist bis 26. Februar 1981, anschließend bis 6. Oktober 1981 in Glauchau abgestellt, Ausmusterung am 17. August 1981, Verschrottung im April 1982 in der Einsatzstelle Zwickau.
- 58 3032: Reservelok im Bw Glauchau bis 12. Februar 1981, Kesselfrist bis 3. Juni 1981, z-Stellung am 2. Juli 1981, dann noch in Glauchau abgestellt, Ausmusterung am 17. August 1981, Verschrottung am 6. November 1981 im Raw Cottbus.
- 58 3036: Am 3. September 1979 vom Bw Riesa gekommen, ab 17. September 1979 stationäre Heizlok im Bw Glauchau bis zum Ablauf der Kesselfrist am 29. Mai 1981, anschließend in Glauchau abgestellt und am 15. November 1981 ohne Tender zum Verschrotten ins Raw Cottbus überführt.
- 58 3047: Am 27. Juli 1980 letzter Einsatz im Zugdienst, anschließend abgestellt unter „Warten auf Aufnahme Raw“, ab Herbst 1980 abgestellt im Bahnhof Oelsnitz/Erzg., vom 8. Oktober bis 30. November 1981 Aufarbeitung in der Schadgruppe L7 im Raw Meiningen als betriebsfähige Traditionslok der Deutschen Reichsbahn.
- 58 3049: Letzte Lok der Baureihe 58.30, die noch im April 1980 eine Schadgruppe L6 erhalten hatte. Nach Ablauf des Sommerfahrplans 1980 wurde die Lok am 12. November 1980 abgestellt. Zu Fahrzeugschauen „75 Jahre Bw Engelsdorf“ (Juli 1981) und „1.000 Jahre Stadt Döbeln“ (August 1981) war die Lok ausgestellt. Überführung nach und von den Ausstellungsorten unter Dampf. Ab 21. Oktober 1981 Heizlok im Bw Glauchau für die abgestellte 58 3036.

Nach Abfahren der letzten Schadloks der Baureihe 58.30 im Jahr 1981 verblieben nur zwei Maschinen der zweitstärksten Reichsbahn-Dampflok in Glauchau. Während sich 58 3049 als Schuppenheizlok verdingte, hatte 58 3047 als betriebsfähige Traditionslok zumindest noch eine Zukunft.

Rainer Heinrich

Das endgültige Ende: Ein Jahr nach der Abstellung wird 58 3028 im Februar 1982 im Bw Zwickau verschrottet
Rainer Heinrich

Am 12. Februar 1981 ist das Einsatzende für die 58.30 da. Auf den Drehscheibengleisen 16 und 17 stehen die letzte Betriebslok 58 3028 (r.) und die Reservelok 58 3032; bei ihr hat man schon den Kessel drucklos gemacht, entwässert und die Nummernschilder abmontiert
Rainer Heinrich

Ende in Altenburg

Im Jahr 1954 hatte die Reichsbahn als erste Vertreterin des Neubauprogramms die Tenderlok der Baureihe 65.10 beschafft. 1978 wurde der planmäßige Einsatz beendet; zum Schluss fuhren die Maschinen noch im Raum Altenburg

Mit dem Auslauf des Sommerfahrplans am 30. September 1978 war es soweit: Im Bahnbetriebswerk (Bw) Altenburg endete der planmäßige Einsatz der Neubautenderlok der Baureihe 65.10. Abgesehen von wenigen Maschinen, die noch bis in die 80er-Jahre als Heizlok in der Reichsbahndirektion (Rbd) Cottbus (65 1008 und 1057) oder als Museumslok (65 1049) „überlebten", verabschiedete sich die Baureihe 65.10 damit aus dem Plandienst der Deutschen Reichsbahn. Dem Standort Altenburg in der Rbd Halle kam dabei noch eine Ehre zu; das Bw war das Letzte, das die leistungsfähigen und spurtstarken Tenderlokomotiven mit der ungewöhnlichen Achsfolge 1'D2' im Planeinsatz verwendet hatte.

Altenburgs 65.10-Bestand ab 1970

Für den Stationierungszeitraum von 1970 bis 1978 sind 18 verschiedene Lokomotiven dieser Baureihe bekannt, die zu unterschiedlichen Zeiten im Bw Altenburg beheimatet waren. Darunter befanden sich die Baumusterloks 65 1001 und 65 1002 aus dem Jahr 1955 und mit 65 1088 auch die1957 zuletzt gebaute Maschine. Durchschnittlich vier bis sechs Maschinen gehörten zum Bestand; in erster Linie kamen sie aus Bahnbetriebswerken der Direktion Halle, wie Leipzig Hbf West und Zeitz, nach Altenburg. Als Ersatz für die zweite Neubautenderlok-Reihe der DR, die Baureihe 83.10, konnte sie jedoch nur indirekt

Im August 1977 wartet 65 1031 im Bahnhof Altenburg auf die Bereitstellung des Wismut-Schichtzuges. Die Lok fuhr nur von März bis November in Altenburg im Zugdienst und wurde dann schon zur Heizlok degradiert
Rainer Heinrich

gelten. Die 83.10 hatte zwar von 1955 bis 1969 zum Betriebspark des Bw Altenburg gehört, aber eigentlich wurden ihre Leistungen ab 1968 durch Maschinen der Baureihe 52 und LVT-Triebwagen übernommen. Nur wenn Loks der Baureihen 52 und 52.80 fehlten – was des öfteren vorkam –, sprangen 65.10 ein und verdingten sich als willkommener Ersatz.

Vor allem fuhren sie Personenzugleistungen zwischen Altenburg und Gera; auf dieser Strecke wurde mit 65 1030 ab 23. September 1970 auch die erste 65er im Dienstplan 03 planmäßig eingesetzt. Mit achteinhalb Jahren war diese Maschine zugleich die am längsten in Altenburg beheimatete 65.10. Am 6. November 1970 kam 65 1002 und ein Jahr später, am 21.August 1971, 65 1023 nach Altenburg; beide sollten sich ebenfalls zu langjährigen Stammloks entwickeln. Dennoch gab es für die 65.10 in den ersten beiden Jahren keinen eigenen Dienstplan. Die Loks dienten als Auswaschreserve, liefen in 52er-Plänen und waren im Bauzugdienst anzutreffen. Altenburger 65.10 kamen sogar öfter als Wendelok zum Bw Zwickau.

Der Plandienst ab 1972/73

Ihr eigentliches Betätigungsfeld erhielten die Maschinen ab dem Winterfahrplan 1972/73. Sie beförderten täglich drei Schichtzüge im Berufsverkehr von Altenburg ins Wismut-Bergbaugebiet um Ronneburg. Eigens für die hohe Zahl der Pendler im Berufsverkehr zur Wismut setzte die Reichsbahn zwei fünfteilige Doppelstock-Gliederzüge ein, die eine Sitzplatzkapazität von über 1.000 Plätzen hatten. Die Wismut-Schichtzüge waren so genannte Vorrangzüge und hatten auf ihrem kurzen Laufweg von ca. 20 Kilometern nur einen Unterwegshalt im Bahnhof Schmölln. Die Fahrzeit betrug reichlich 30 Minuten. Auf dem vor Ronneburg gelegenen Haltepunkt Reitzhain (Kursbuchstrecke 550) lag der Abzweig zur Werkbahn und zu den Schächten der Wismut. Der Schichtzug endete nach weiteren zwei Kilometern Fahrt im Werkbahnhof Schmirchau und brachte kurz darauf die Bergarbeiter zurück nach Altenburg. Fotografieren war strengstens verboten!

Die übrigen Reisezugleistungen für die 65.10 im Dienstplan 02 waren mehr oder weniger als „Füllleistung“ zwischen den Wismut-Zügen zu betrachten, damit sich der zweitägige Lokumlauf einigermaßen rentabel gestaltete. So kamen die Tenderloks vor Personenzügen zwischen Altenburg und Gera und im Durchlauf auch bis Zeitz zum Einsatz. Von Gera aus bespannte die 65.10 zwei Reisezugpaare nach Hermsdorf-Klosterlausnitz und schob zeitweise planmäßig Güterzüge zwischen den beiden Bahnhöfen nach.

Im Mai 1978 verlässt 65 1010 mit P 9075 den Bahnhof Gera Süd; gleich wird sie die acht Kilometer lange Steigung hinauf nach Ronneburg angehen
Rainer Heinrich

Die letzte Blüte

Ab 1975 begann auch die Verwendung der Altenburger 65.10 als Heizlok, entweder in Reichsbahndienststellen oder vermietet an Dritte. Bis 1978 ist der Heizdienst für sechs dieser Maschinen des Bw Altenburg bekannt. Den buchmäßig höchsten Lokbestand an Tenderloks der Baureihe 65.10 hatte das Bw Altenburg Anfang 1976 mit acht Maschinen.

In den Jahren 1977/78 kam noch einmal Bewegung in die Stationierung. Mittlerweile stand fest, dass die Deutsche Reichsbahn diese Lokbaureihe abstellen würde. Vorher noch wurden sieben 65er, ausschließlich von Thüringer Bahnbetriebswerken wie Arnstadt, Saalfeld, Nordhausen und Zeitz, nach Altenburg umbeheimatet. Auf ihre letzten Tage weilten sie zum Abfahren der Kesselfrist dort. Der Pflegezustand der Maschinen war entsprechend schlecht.

Und so erwies es sich nur als eine Frage der Zeit, bis zum Winterfahrplan 1978/79 Dieselloks der Baureihen 118 und 132 des Bw Leipzig Süd die 65.10 in der Beförderung der Wismut-Schichtzüge ablösten. Zu diesem Zeitpunkt waren mit 65 1024 und 1058 noch zwei der Tenderloks betriebsfähig. 65 1024 leistete am 29. November 1978 als Diesellokersatz ihren letzten Dienst und verblieb noch knapp drei Jahre im Bw Altenburg, bevor sie am 13. August 1981 zur Verschrottung nach Dessau abrollte.

Rainer Heinrich

ABSCHIED VON „KARLEX" UND „KAROLA"

Noch einmal 175

Am 26. September 1981 zog die DR die Baureihe 175 aus dem Expresszug-Verkehr mit „Karlex" und „Karola" ab. Rund eineinhalb Jahrzehnte hatten die Triebwagen die Verbindung ins westböhmische Bäderdreieck hergestellt

Am 14. September 1981 ist 175 005 als Ext 69 „Karola" auf dem Weg von Karlovy Vary nach Leipzig. Zwei Minuten Aufenthalt gönnt ihm der Fahrplan für Gera Hbf (Foto)
Rainer Heinrich

Im internationalen Reiseverkehr der Deutschen Reichsbahn gehörten sie zu den renommiertesten Zügen, die es gab: Ext 66/67 „Karlex" von Berlin über Leipzig nach Karlsbad (Karlovy Vary) und Ext 68/69 „Karola" von Leipzig über die Elstertalbahn nach Karlovy Vary. Für das Renommee sorgten vor allem die Fahrzeuge. Die meiste Zeit setzte die Reichsbahn Schnelltriebwagen des Typs VT 18.16 ein, mit das Hochwertigste, was sie im Bestand hatte.

Der Weg zu „Karlex" und „Karola"

Die Fernverbindung zu den westböhmischen Badeorten entstand – noch ohne Namen – 1914. In der DDR war es ab Sommerfahrplan 1955 wieder möglich, den Eisenbahngrenzübergang Bad Brambach – Vojtanov für den Fernverkehr zu nutzen. So fuhr ab dem 31. Mai 1959 erstmals ein Triebwagen von Berlin nach Karlovy Vary. Das war zugleich die Geburtsstunde des Namen tragenden Zuges „Karlex". Aber erst zum 1. August 1969 übernahmen die Triebwagen VT 18.16 (ab 1970: 175) planmäßig den Dienst. Durch den Einsatz dieser formschönen und modernen Schnelltriebwagen der Bauart „Görlitz" wurde der Bäderverkehr zusätzlich aufgewertet.

Zum 1. Januar 1972 wurde der visafreie Reiseverkehr in die CSSR eingeführt, dem schnell eine weitere Triebwagenverbindung folgte. Zum 28. Mai 1972 richtete die Reichsbahn den „Karola" von Leipzig nach Karlovy Vary ein. Die Umläufe von „Karlex" und „Karola" wurden verknüpft. Ab 27. Mai 1979, nach der Umwandlung des „Vindobona" Berlin – Wien in einen lokbespannten Zug, hatte die Deutsche Reichsbahn genügend Triebwagen 175, um den „Karlex" bis Plauen/Vogtland in Doppeltraktion zu fahren. Meist setzte man eine vier- und eine fünfteilige Einheit ein, teilweise fuhren auch zwei Fünfteiler.

Umstellungen im Betrieb

Mit Schließung des traditionsreichen Triebwagen-Bahnbetriebswerks Berlin-Karlshorst zum 31. März 1981 wechselte die Triebwagengruppe nach Berlin-Rummelsburg. Doch begann die DR noch 1981 mit dem Bau einer neuen Reisezugwagenbehandlungsanlage für das Bahnbetriebswagenwerk Berlin-Rummelsburg; die alte Triebwagenhalle wurde abgebrochen. So zogen die 175 erneut um. Ab 1. Juli 1981 wurde die technische Behandlung der Triebwagen von Berlin-Rummelsburg zum Bw Engelsdorf bei Leipzig verlegt, wo eine moderne Wartungshalle mit Unterflurradsatzdrehbank zur Verfügung stand. Auch einen Ersatztriebkopf stationierte man im Bw Engelsdorf. Um das Tanken der Fahrzeuge zu erleichtern, wurde die Doppeltraktion des „Karlex" im Sommerfahrplan 1981 von Plauen/Vogtl nach

Auszug aus dem letzten Umlaufplan des „Karlex". Die Zugläufe von „Karlex" und „Karola" waren kombiniert, in Adorf bzw. Leipzig gingen die Garnituren von einer Leistung auf die andere über
Slg. Rainer Heinrich

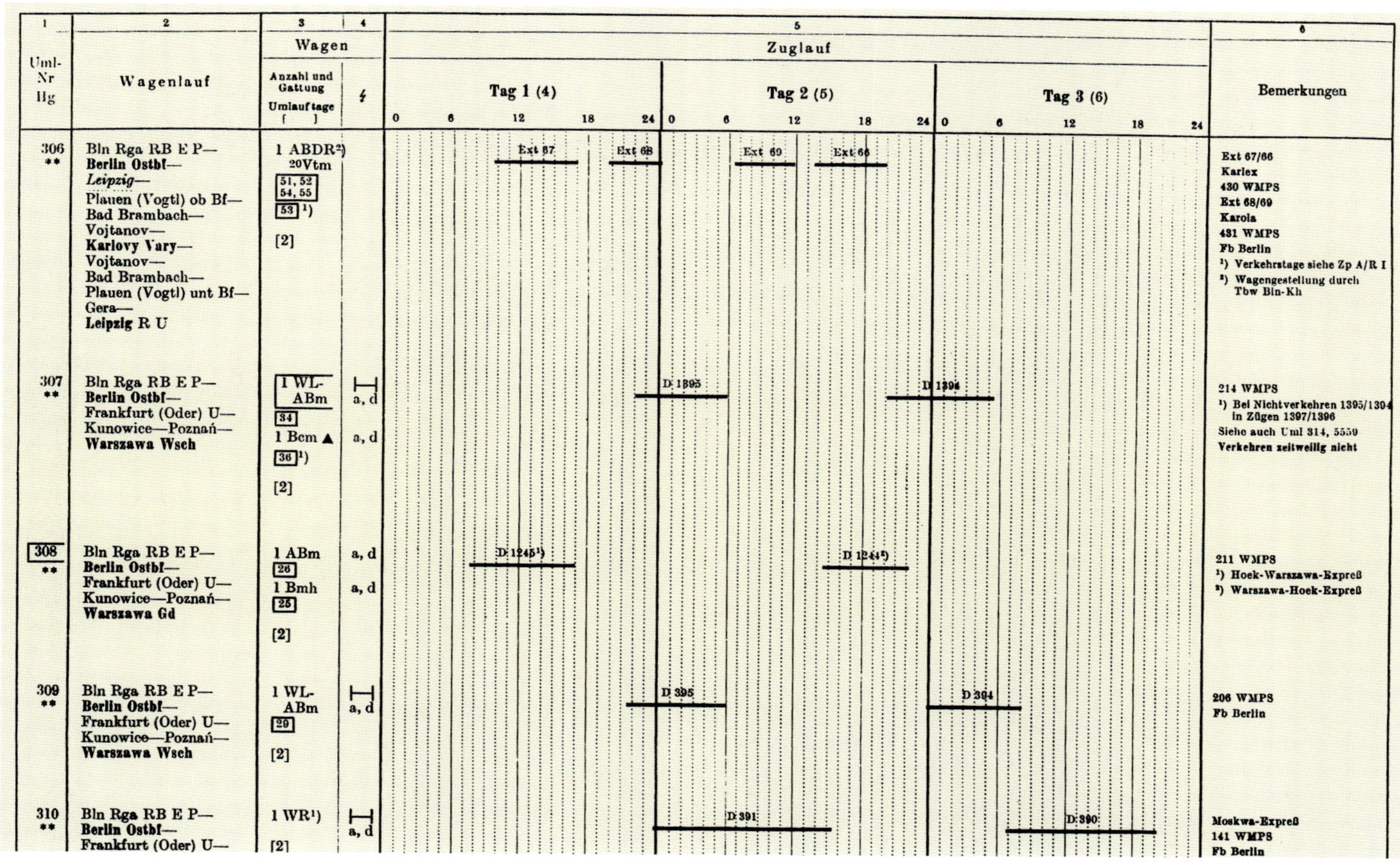

1 Uml-Nr Hg	2 Wagenlauf	3 Wagen Anzahl und Gattung Umlauftage [ ]	4 ϟ	5 Zuglauf Tag 1 (4) 0 6 12 18 24	Tag 2 (5) 0 6 12 18 24	Tag 3 (6) 0 6 12 18 24	6 Bemerkungen
306 **	Bln Rga RB E P— **Berlin Ostbf—** *Leipzig—* Plauen (Vogtl) ob Bf— **Bad Brambach—** **Vojtanov—** **Karlovy Vary—** **Vojtanov—** **Bad Brambach—** **Plauen (Vogtl) unt Bf—** **Gera—** **Leipzig R U**	1 ABDR²) 20Vtm 51, 52 54, 55 53 ¹) [2]		Ext 67 Ext 68	Ext 69 Ext 66		Ext 67/66 Karlex 430 WMPS Ext 68/69 Karola 431 WMPS Fb Berlin ¹) Verkehrstage siehe Zp A/R I ²) Wagengestellung durch Tbw Bln-Kh
307 **	Bln Rga RB E P— **Berlin Ostbf—** **Frankfurt (Oder) U—** **Kunowice—Poznań—** **Warszawa Wsch**	1 WL-ABm 34 1 Bcm ▲ 36 ¹) [2]	⊢⊣ a, d a, d		D 1395	D 1394	214 WMPS ¹) Bei Nichtverkehren 1395/1394 in Zügen 1397/1396 Siehe auch Uml 314, 5559 Verkehren zeitweilig nicht
308 **	Bln Rga RB E P— **Berlin Ostbf—** **Frankfurt (Oder) U—** **Kunowice—Poznań—** **Warszawa Gd**	1 ABm 26 1 Bmh 25 [2]	a, d a, d	D 1245¹)	D 1244²)		211 WMPS ¹) Hoek-Warszawa-Expreß ²) Warszawa-Hoek-Expreß
309 **	Bln Rga RB E P— **Berlin Ostbf—** **Frankfurt (Oder) U—** **Kunowice—Poznań—** **Warszawa Wsch**	1 WL-ABm 29 [2]	⊢⊣ a, d		D 395	D 394	206 WMPS Fb Berlin
310 **	Bln Rga RB E P— **Berlin Ostbf—** **Frankfurt (Oder) U—**	1 WR¹) [2]	⊢⊣ a, d		D 391	D 390	Moskwa-Expreß 141 WMPS Fb Berlin

Adorf/ Vogtl verlängert, wo der zweite Triebwagen in der Einsatzstelle seine Treibstoffvorräte ergänzte. Zu diesem Zweck tauschte man die Triebwagen täglich in Leipzig.

Veränderter Umlauf im Sommer 1981

Es galt nun folgender Umlauf: Ex 67 „Karlex“ verließ Berlin mit zwei gekuppelten Triebzügen. Über Leipzig gelangten sie nach Adorf, wo die hintere Garnitur abgehängt wurde und zum Tanken fuhr. Sie wartete dann auf den aus Karlovy Vary eintreffenden Ex 66 „Karlex“, um mit ihm gemeinsam nach Berlin zurückzukehren. Die vordere Einheit des Ex 67 fuhr inzwischen weiter nach Karlovy Vary und kam anschließend als Ex 68 „Karola“ nach Leipzig zurück, wo sie der Werkstatt zugeführt wurde. Derjenige 175, der am Vortag eingetroffen war, hatte inzwischen die Behandlung hinter sich und fuhr nun als Ex 69 „Karola“ nach Karlovy Vary. Von dort ging er als Ex 66 nach Berlin. So wurde der Betrieb bis zum Ende des Sommerfahrplans am 26. September 1981 durchgeführt.

Diese Vorgehensweise fiel jedoch schon in die Spätphase des 175er-Einsatzes. Seit Ende der 70er-Jahre zeichnete sich eine Trendwende hin zu lokbespannten Schnellzügen ab. Dies und die weggebrochene Unterhaltungsmöglichkeit für Triebwagen in Berlin brachten noch zum Ende des Sommerfahrplans 1981 das „Aus“. Die Deutsche Reichsbahn beendete den Dienst der Schnelltriebwagen bei „Karlex“ und „Karola“ und stellte damit auch ihre letzte internationale Triebwagenverbindung ein.

Der letzte Betriebstag fiel auf Samstag, den 26. September 1981. Dabei fuhren folgende Triebwagen:

- Ext 69 Leipzig – Karlovy Vary
  175 016 / 175 005
- Ext 67 Berlin – Leipzig – Adorf
  175 011 / 175 012 + 175 015 / 175 006
  Adorf – Karlovy Vary
  175 011 / 175 012
- Ext 66 Karlovy Vary – Adorf
  175 005 / 175 016
  Adorf – Leipzig – Berlin
  175 005 / 175 016 + 175 015 / 175 006
- Ext 68 Karlovy Vary – Leipzig
  175 011 / 175 012

Den letzten Umlauf Ext 69 / Ext 66 fuhr der langjährige Dienstplangemeinschaftsleiter „Karlex“ Heinz Götze mit seinen Kollegen Stephan Pflock und Gerhard Dapergotz.

Im zweiten Triebwagen des Ext 67 aus Berlin reisten das dienstfreie Triebwagenpersonal der nun zum Bw Berlin Ostbahnhof gehörenden Triebwagenführer sowie Mitarbeiter des Mitropa-Fahrbetriebs Berlin an, um die Abschiedtour durchs Vogtland mitzuerleben. Eigens für diese letzte Fahrt blieb der „Mitropa-Speisewagen“ des vierteiligen 175 015 / 175 006 ausnahmsweise für den öffentlichen Publikumsverkehr gesperrt.

Von dem Zug verabschiedeten sich auch die charmanten jungen Damen des Zugbegleitpersonals vom Bahnhof Adorf/Vogtl, die viele Jahre diese Triebwagenverbindung mit geprägt hatten. Die „Stewardessen“ – so hießen die Zugbegleiterinnen im „Karlex“ – trugen eine für die damalige Deutsche Reichsbahn außergewöhnlich moderne Dienstkleidung und wurden zu einem Markenzeichen des Zuges. Auf der letzten Fahrt kümmerten sich unter anderem Petra Seifert und Rosemarie Steiniger um das Wohl der Reisenden.

Als der Ext 66 „Karlex“ um 20:02 Uhr auf dem Berliner Ostbahnhof eintraf, ging eine 17 Jahre dauernde Ära des Einsatzes von Schnelltriebwagen der Bauart „Görlitz“ im internationalen Reiseverkehr der Deutschen Reichsbahn zu Ende. Schon im Tagesverlauf des 26. September 1981 hatte man die fünfteilige Tausch-Einheit 175 009/175 019 und den Reservetriebkopf 175 010 vom Bw Engelsdorf nach Berlin überführt.

So standen alle Triebwagen der Baureihe 175 Ende September 1981 auf dem Abstellgleis im Bw Berlin-Rummelsburg bzw. auf dem Bahnhof Berlin-Lichtenberg. Sie blieben in Berlin beheimatet und wurden – teilweise in Rummelsburg – weiter unterhalten; unter anderem fuhren 175 im Messe-Verkehr von West-Berlin nach Leipzig. Doch es war klar: Der Betrieb bei der DR hatte eine Attraktion verloren.

RAINER HEINRICH/GM

Letztmals fährt ein „Karlex“ aus Plauen oberer Bahnhof aus! Am 26. September 1981 erhält Ext 66 das Abfahrsignal; in der Tür Dienstplangemeinschaftsleiter Heinz Götze, über ihm Lokführer Stephan Pflock

Rainer Heinrich

DR
RIC
MC

Dein Risiko?

Das schwerste Unglück bei der Reichsbahn der 70er- und 80er-Jahre ereignet sich am 27. September 1977: In Lebus nahe Frankfurt (Oder) stößt D 1918 mit einem Güterzug zusammen, 29 Menschen sterben. Der Fahrdienstleiter hatte den D-Zug auf ein falsches Gleis geleitet
adn/picture-alliance/dpa

In den 70er- und 80er-Jahren überschatteten wiederholt Unfälle den Betrieb der Reichsbahn. Die Ursachen waren sehr verschieden, zwei Schwerpunkte kristallisierten sich aber heraus: Fehler von Personal und Fehler von Material

In den 80er-Jahren wurde diese Abwandlung des Deutsche-Reichsbahn-Kürzels zu einem geflügelten Wort: „DR" – „Dein Risiko". Immer wieder kam es beim Hauptbeförderungsmittel der DDR zu Unglücken, verursacht durch Fehler des Personals oder Mängel beim Material. Unfälle mit „Aufsehen in der Bevölkerung" fanden zum Teil sogar den Weg in die Tageszeitungen. Von aufopferungsvollen Rettungs- und Bergungsarbeiten wurde berichtet. Helfer, die stundenlang vor Ort waren, wurden später ausgezeichnet. Andere brachten die Anlagen für den Bahnbetrieb wieder in Ordnung. Vertreter von Bahn oder örtlicher Politprominenz, zum Teil der Verkehrsminister, besuchten Überlebende in den Kran-

kenhäusern. Abschließend wurde erläutert, dass sogar eine Regierungskommission zur Untersuchung gebildet wurde, obwohl meist schon bei der Drucklegung der Zeitungsausgabe eine Unfallursache fest stand.

Ursachensuche von DR und Justiz

Anders als heute gab es in der Folge von den betroffenen Reichsbahndirektionen oder -Ämtern Unfallkampfblätter. Noch bevor das „schwebende Verfahren" beendet wurde – welches in der Regel öffentlich vor den Bezirksgerichten der DDR verhandelt wurde –, lagen Fakten zum Ereignis, zum Hergang und zur Bekämpfung von ähnlichen Ereignissen vor. Da im laufenden Schichtdienst wöchentlich Dienstunterricht durchgeführt wurde, waren die Schichtleiter der Bahnhöfe oder der technischen Dienststellen, zum Beispiel der Bahnbetriebswerke froh, ein Fachthema wie dieses abschließend behandeln zu können. Zumal bei solchen Sitzungen dann auch jeder zuhörte.

Oft Monate später behandelte die Staatsanwaltschaft die Unfälle. Bemerkenswert war das angeeignete Fachwissen der Richter und Anwälte. Haarklein durchliefen sie die „Fahrdienstvorschriften" und erklärten, was zum Fehler geführt hatte. Selbst gerufene Gutachter aus den Reichsbahn-Ämtern mussten sich manchmal erklären lassen, dass man mit den Abweichungen infolge von Personalmangel, Überstunden oder der permanenten Duldung von Regelverstößen – einer „lockeren Arbeitsmoral" – nicht einverstanden sei. „Präambeln" zum Wohle des sozialistischen Volkes dienten oft nur als Einleitung, der Inhalt drehte sich ausschließlich um die fachlichen Verstöße.

Wenn man heute die „großen Unfälle" aus der DR-Zeit 1971 bis 1989 betrachtet – siehe Kasten S. 68 –, so wurden viele nicht in den Medien dargestellt, sondern innerhalb der DR geklärt. Daneben ereignete sich noch mehr. Vor allem im Rangiergeschäft an den Ablaufbergen gab es nahezu wöchentlich Überpufferungen oder Entgleisungen. Eine Ursache lag darin, dass viele Wagen in schlechtem Zustand zugelassen wurden, die dann auf der Strecke entgleisten und einen größeren Schaden anrichteten. Doch Fahrzeuge für den Transport waren in der DDR rar. Auch der Alkoholmissbrauch spielte eine, wenngleich nicht so große Rolle bei (Unfall-)Ereignissen. Neben der bahninternen Untersuchung kamen oft Vertreter der Transportpolizei, zum Teil auch Kriminalisten, um das Geschehen zu ergründen. Hier war nicht immer klar, ob die Kriminalisten zur Transportpolizei oder gar schon zur Staatssicherheit gehören.

Im September 1975 entstand das Bild von 01 1516 mit dem D-Zug Berlin – Dresden in Berlin-Wuhlheide. Zwei Jahre später steht die Reko-Schnellzuglok im Mittelpunkt eines traurigen Ereignisses: In Bitterfeld zerknallt ihr Kessel
Martin Weltner

Zahlreiche Ursachen

Die Liste der Unfallursachen ist jedoch noch bedeutend länger. Häufig wurde beispielsweise das „Halt-Signal" übersehen. Da oft der betreffende Lokomotivführer ums Leben kam, wurden die Fehler rekonstruiert. Übersah der Lokführer des D 354 am 5. Juli 1983 bei Hohenthurm das warnende Vor- und das Halt zeigende Hauptsignal im Nebel oder ging er davon aus, dass ein Transitzug immer freie Fahrt habe? Gerade bei diesen Zügen wurde die Strecke schon eine gewisse Zeit zuvor geräumt. Die Punktförmige Zugbeeinflussung (PZB) gab es damals noch nicht. Ähnlich war es zwischen Schönfließ und Mühlenbeck, als eine S-Bahn ungebremst auf einen Güterzug auffuhr. Der bei dem Unfall getötete Triebfahrzeugführer war auf Sicht an einem Halt zeigenden Selbstblocksignal vorbeigefahren und hatte die Regeln des „Permissiven Fahrens" (auf Sicht und mit entsprechend reduzierter Geschwindigkeit)

Am 30. Oktober 1972 stößt Schnelltriebzug 175 004 bei Schweinsburg-Culten mit einem Personenzug zusammen, es gibt 22 Tote. Der Triebzugführer hatte ein Halt zeigendes Signal übersehen – womöglich, weil zur Unfallzeit dichter Nebel herrschte
adn/picture-alliance/dpa

nicht beachtet. Die untersuchenden Organe vermuteten, dass er das in der Ferne auf Grün schaltende Signal am Karower Kreuz – das eigentlich dem Güterzug galt – auf sich bezog und „sein" Halt zeigendes Blocksignal für eine Störung hielt.

Des weiteren wurden die Regeln für das „Permissive Fahren" oft nicht beachtet. Die Liste von Ereignissen auf den Linien nach Berlin-Schönefeld auf dem Berliner Außenring ist lang. Neben Auffahrunfällen bei Reisezügen waren manchmal auch nur Güterzüge untereinander betroffen. Oft wurde die Schrittgeschwindigkeit bei nicht sichtigem Wetter (Nacht und Nebel) überschritten. Hinzu kam, dass es reflektierende Schlusssignale noch nicht gab, die „Owala" (Oberwagenlaternen) mit ihren Petroleumbrennern häufig ausgingen und selbst die Scheinwerfer der Lokomotiven schwach waren. Das wurde im April 1984 der Brandenburger 50 3701 zum Verhängnis, als deren Personal mit der Spitzenbeleuchtung der Lok nichts sah, jedoch mit 1.600 Tonnen Zuglast viel zu schnell unterwegs war.

Das „Permissive Fahren" erforderte das Fahren von Hauptsignal zu Hauptsignal. Nicht selten standen die Züge dabei vor Berlin an. Eine bessere Übersicht mit reflektierenden Hauptsignalbaken gab es erst nach 1987, als das einzige Schilderwerk in Beutha wieder Fertigungskapazitäten hatte; die Jubiläumsfeiern zu „750 Jahre Berlin" 1987 hatten zuvor die Produktion vereinnahmt. Bleibt die Frage: Hätten solche Baken dafür gesorgt, dass ein Lokführer am 27. Februar 1986 zwei Halt zeigende Signale erkannte – und somit den Unfall vermieden?

Spezielle Betriebssituationen

Weitere Unfälle gingen auf noch eingleisige Betriebsführung zurück. Mal irrte sich ein Fahrdienstleiter und übersah eine Meldung, so dass er einen Zug in einem Abschnitt beließ, in den bereits ein anderer einfuhr. So geschehen bei Eilsleben bei Bauarbeiten am Nachbargleis. Bei Borkenfriede liefen ebenso Arbeiten, doch dort übersah ein Lokführer das Halt zeigende Signal. Der schwere Zusammenprall bei Lebus resultierte unter anderem daraus, dass auf der Nebenbahn eine Streckenblockeinrichtung fehlte und der Lokführer keine Streckenkenntnis besaß; hauptverantwortlich aber war ein Wärter, der den Fahrweg falsch eingestellt hatte.

Ein besonderes Kapitel war der Kesselzerknall von Bitterfeld am 27. November 1977. Das Leipziger Personal hatte die Schnellzuglok 03 2121 mit Kesselschaden bei der Ankunft in Berlin abgestellt. Es wechselte auf die seit Tagen in Bereitschaft stehende 01 1516, jedoch, ohne diese aufzurüsten und Wasser zu ergänzen. Da die Personale nicht miteinander sprachen, blieb dieser Mangel unerkannt. Auf dem Rückweg kam es zu dem Unglück: In Bitterfeld war infolge Wassermangels die Feuerbuchsdecke überhitzt, das zurücklaufende Wasser nach der Bremsung löste einen Überdruck aus – der Kessel zerknallte. In Berlin wurden daraufhin alle Reko-01 abgestellt und untersucht. Nein, an Kesselmängeln lag es nicht, es war ein Personalverschulden.

Wenig ist über das Verhalten der sowjetischen Armee auf Bahngelände bekannt – das ebenfalls Unfälle heraufbeschwor. So wie bei Forst Zinna, einem großen Truppenübungsplatz bei Jüterbog, am 19. Januar 1988. Dort hatte die sowjetische Besatzung bei einer Ausbildungsfahrt ihren defekten Panzer auf den Gleisen stehend (!) zurückgelassen – auf diesen fuhr dann D 716 auf.

Bei Tangerhütte (bei Stendal) war am 1. September 1979 D 936 entgleist. Die Ursache war eine Gleisverwerfung. Aber was hatte dazu geführt: die Hitze oder, wie ein Schrankenwärter angab, ein sowjetischer Panzer, der mit seinen Ketten die Gleise verwarf? Die Ermittlungsverfahren gegen Reichsbahner wurden eingestellt; eine endgültige Ursache blieb bisher unbekannt.

Michael Reimer

Schwere Unfälle zwischen 1971 und 1989

Datum	Ort	Ereignis
30.10.1972	Schweinsburg-Culten1	Schnelltriebwagen 175 004 (Ext 346) stößt mit Personenzug zusammen, Halt zeigendes Signal durch Triebfahrzeugführer des 175 übersehen; 22 Tote und 70 Verletzte
10.07.1973	Leipzig-Leutzsch	D-Zug mit Lok 03 2121 entgleist aufgrund überhöhter Geschwindigkeit; 4 Tote und 25 Verletzte
27.09.1977	Lebus[2]	Weichenwärter leitet D 1918 (mit Zuglok 03 0078) fehl, Zusammenstoß mit Güterzug; 29 Tote und 7 Verletzte
27.11.1977	Bitterfeld	Kesselzerknall bei 01 1516 durch Bedienfehler des Lokpersonals; 9 Tote und ca. 50 Verletzte
18.12.1979	bei Schönfließ (BAR)	Triebfahrzeugführer der S-Bahn verwechselt Signal und fährt auf haltenden Güterzug auf; 1 Toter und 20 Verletzte
21.03.1981	Nassenheide	Triebfahrzeugführer eines Güterexpresszugs (Gex) fährt auf einen Güterzug auf; 1 Toter
11.06.1981	Erfurt-Bischleben	Transitzug D 1453 entgleist infolge von Gleisverwerfung; 14 Tote und 93 Verletzte
31.10.1982	Glasower Damm (BAR)	Ein Güterzug fährt auf einen Personenzug auf; 8 Tote und 49 Verletzte
05.07.1983	Hohenthurm[3]	Triebfahrzeugführer des Transitzuges D 354 missachtet Haltsignal und fährt auf Personenzug auf; 11 Tote und 46 Verletzte
11.10.1985	bei Eilsleben	Fahrdienstleiter lässt Personenzug und D-Zug in ein Gleis einfahren, Frontalzusammenstoß; 13 Tote und 40 Verletzte
27.02.1986	bei Berlin-Schönefeld (BAR)	Triebfahrzeugführer eines Personenzuges übersieht zwei Halt zeigende Signale und fährt auf einen Güterzug auf; 1 Toter und 55 Verletzte
19.01.1988	Forst Zinna[4]	D 716 fährt auf einen auf den Gleisen stehenden Panzer der Sowjet-Armee auf; 1 Toter, unbekannte Zahl an Verletzten
15.02.1988	Berlin Eichgestell[5]	Ex 150 fährt infolge Fahrdienstleiter-Fehlhandlung auf einen Personenzug auf; 1 Toter, unbekannte Zahl an Verletzten
26.04.1988	bei Borkenfriede	Triebfahrzeugführer des D 502 missachtet ein Hauptsignal und stößt bei Umbauarbeiten mit D 715 zusammen; 1 Toter und 28 Verletzte
03.12.1988	bei Horka	Triebfahrzeugführer eines Güterzuges der Polnischen Staatsbahn (PKP) übersieht Haltsignal und stößt mit DR-Personenzug zusammen; 8 Tote und 4 Verletzte

1) Schweinsburg-Culten: Strecke Leipzig – Werdau; 2) Lebus: Strecke Frankfurt (Oder) – Kietz; 3) Hohenthurm: Strecke Bitterfeld – Halle (Saale);
4) Forst Zinna: Strecke Leipzig – Berliner Außenring; 5) Eichgestell: am Berliner Außenring zwischen Grünauer Kreuz und Wuhlheide; BAR – Berliner Außenring

Grotesk mutet der Unfall vom 19. Januar 1988 bei Forst Zinna an. Dort prallte D 716 auf einen sowjetischen Panzer, den dessen Besatzung einfach auf den Gleisen stehen ließ. Ein Mensch bezahlt diese grobe Fahrlässigkeit mit dem Leben
ZBDR/Histor. Slg. der DB

Der letzte Pfiff

Vor 41 Jahren hieß es Abschied nehmen von der Strecke Wilkau-Haßlau – Kirchberg. Die Reichsbahn stellte den Betrieb auf Sachsens ältester Schmalspurbahn ein. Tausende kamen, um die abschließenden Zugfahrten zu erleben

unten: Der letzte planmäßige Personenzug, P 2119, verlässt den Bahnhof Kirchberg. Wenig später wird ihn eine unendliche Kraftfahrzeugschlange auf dem Weg nach Wilkau-Haßlau begleiten
Rainer Heinrich

rechts unten: Die im Edmondson-Stil gedruckten Pappfahrkarten von den letzten Fahrten sind eine schöne Erinnerung
Slg. Rainer Heinrich (2)

Mit Ablauf des Winterfahrplans 1972/73 am 2. Juni 1973 hatte für die Strecke Wilkau-Haßlau – Kirchberg die letzte Stunde geschlagen; die älteste sächsische Schmalspurbahn wurde stillgelegt. Unter großer Anteilnahme der Bevölkerung fanden die Abschiedsfahrten statt. Tausende Menschen bekundeten nochmals ihre jahrelange Verbundenheit mit der Bahn, indem sie zu den Bahnhöfen und in die letzten Züge strömten – der Abschied vollzog sich mit den planmäßigen Nachmittagspersonenzügen. Weitere standen längs der Strecke oder begleiteten die Züge mit Fahrzeugen auf der Straße – es gab kilometerlange Autoschlangen auf der neben der Strecke führenden Landstraße, es drohten chaotische Verkehrszustände.

Ein Zusatzzug und reichlich Stau

Der Reisezug bestand aus fünf Personen- sowie einem Gepäckwagen und war reichlich geschmückt; auch die Zuglok 99 561 stand dem nicht nach. Bei den Vormittagszügen trug die Maschinen an den Wasserkästen die Aufschrift „Bimmelbah' uns biste los, ab morgen fahr'n m'r auf d'r Stroß" und bei den Nachmittagszügen „Auf zur letzten Fahrt Wilkau-Haßlau – Kirchberg"; die Daten der Betriebseröffnung und -schließung rundeten die „Grußbotschaft" ab. Begleitet wurden die Züge von Kirchberger Eisenbahnfreunden in historischen sächsischen Uniformen aus dem Verkehrsmuseum Dresden. Der letzte planmäßige Personenzug, P 2128, verließ um 16:03 Uhr Wilkau-Haßlau mit dem Ziel Kirchberg. Als er unterwegs war, fuhr parallel auf der Straße als Zeichen einer neuen Verkehrsetappe ein moderner Bus vom Typ Ikarus 508. Bei dieser Abschiedsfahrt verursachten die Kraftfahrzeuge auf der Landstraße einen Rückstau, der bis Cunersdorf reichte.

Nachdem die planmäßigen Zugfahrten beendet waren, fuhr infolge des hohen Besucherandrangs sogar noch ein zusätzlicher Personenzug von Kirchberg nach Wilkau-Haßlau und zurück. Um 18:05 Uhr verließ diese Zuggarnitur zum letzten Mal den Bahnhof Kirchberg und dampfte nach Wilkau-Haßlau. Damit war offiziell das Betriebsgeschehen auf dieser 750-Millimeter-Strecke – Sachsens erster Schmalspurbahn – beendet.

Nach Aussage der staatlichen Organe war die Stilllegung der Schmalspurbahn Wilkau-Haßlau – Kirchberg unabdingbare Voraussetzung für den Straßenbau zwischen beiden Orten; nur damit seien die dringende Rekonstruktion und der Ausbau der Straßenverbindung sowie die neue Straßenbrücke über die Eisenbahnanlagen des Bahnhofs Wilkau-Haßlau

oben: Tausende sind beim letzten Betriebstag der Schmalspurbahn Wilkau-Haßlau – Kirchberg am 2. Juni 1973 dabei. Die sächsische IV K 99 651 hat den Zug aus Kirchberg nach Wilkau-Haßlau gebracht und fährt nun zum Restaurieren

zu realisieren. Ganz so dringend wurde die Baumaßnahme dann allerdings gar nicht angegangen. Nachdem die Reichsbahn sofort mit dem Gleisabbruch begann, verzögerte die sozialistische Planwirtschaft den Straßenbau um mehr als ein Jahr. Erst 1974/75 sollte die Straße die längst angekündigte Instandsetzung bekommen.

Rainer Heinrich

links: Zu dem letzten Betriebstag haben Eisenbahnfreunde historische Uniformen angezogen; immer wieder bitten Reisende sie, sich vor der Lok des Abschiedszuges für ein Foto aufzustellen

Rainer Heinrich (2)

Dampfloks für Devisen

Um an Devisen zu kommen, erschloss die Deutsche Reichsbahn in den frühen 80er-Jahren ein neues Geschäftsfeld: Sonderfahrten für West-Reisende mit Dampflokomotiven aus dem Museumsbestand

Als die Deutsche Reichsbahn Anfang der 80er-Jahre begann, Dampflokomotiven zielgerichtet für Devisen zu vermarkten, zog sie dafür alle Register. Die Traditionslokomotiven waren dabei, aber auch Maschinen aus dem Bestand des Verkehrsmuseums Dresden. Zu bespannen galt es etwa Sonderreisezüge aus der Bundesrepublik oder der Schweiz, wie den Semper-Oper-Orient-Express auf der Fahrt zu Kultur- und Konzertveranstaltungen in Berlin, Weimar, Leipzig oder Dresden.

Bevorzugt setzte die Reichsbahn für diese Garnitur die Halleschen Schnellzuglokomotiven 18 201, 03 1010, die Saalfelder Maschine 01 531 oder die Dresdener Loks 01 137 und 03 001 ein. Verschiedentlich mussten sogar zwei der großrädrigen Dampflokomotiven den Zug übernehmen, um bei der großen Zuglast – zwölf Wagen und 600 Tonnen – die Fahrzeit zu halten. Einfacher war es, wenn Wagen des historischen „Rheingold" oder Wagengarnituren anderer Reiseunternehmen, wie der Intraflug aus der Schweiz, in die DDR einreisten – hier hatte man es mit geringeren Zuglasten zu tun.

In Leipzig Hbf begannen die meisten der Garantiefahrten. Am 25. September 1982 gibt es zum Auftakt eine „Schnellfahrt" mit 03 1010 nach Saalfeld
Rainer Heinrich

Die Idee der Garantiereisen

Ein weiteres Standbein waren die ab Herbst 1982 vom Reisebüro der DDR durchgeführten so genannten Garantiereisen. Im Sprachgebrauch der Reichsbahner hießen sie NSW-Reisen; NSW stand für „nicht sozialistisches Wirtschaftsgebiet". Mit dem Begriff Garantiereisen verpflichtete sich die Deutsche Reichsbahn gegenüber den Kunden des Reisebüros, die ausgeschriebenen Fahrten unabhängig von der Teilnehmerzahl im vollen Umfang durchzuführen. Über Reisekataloge schaltete das Reisebüro der DDR (DER) Werbeanzeigen, die sich an Eisenbahnfreunde aus Westeuropa richteten und Sonderfahrten mit Dampflokomotiven auf den schönsten Reichsbahnstrecken anboten. Die Hauptverwaltung der DR hatte zusammen mit dem DER dafür ein eigenes, mehrtägiges Fahrtprogramm entwickelt, das auf ausgesuchten Eisenbahnstrecken durch Thüringen und Sachsen führte. Grundlage für diese Garantiereisen waren die Wagengarnitur des Zwickauer Traditionseilzugs (damals noch ohne Speisewagen) und mehrmals täglich wechselnde Bespannung mit Dampflokomotiven. Bei den Garantiereisen, welche meist vier Fahrttage dauerten, kamen somit bis zu sieben verschiedene historische Maschinen zum Einsatz.

Der Schwerpunkt des Fahrtprogramms lag absichtlich auf dem südlichen Streckennetz der Deutschen Reichsbahn in den Direktionen Dresden und Erfurt, weil zum damaligen Zeitpunkt betriebsfähige Dampflokomotiven in der Mehrzahl dort zu finden waren. Dort standen zur Verfügung:

Das Reisebüro der DDR plante bei seinen Angeboten alle Jahreszeiten mit ein. Am 29. Dezember 1982 führt 74 1230 den Sonderzug von Karl-Marx-Stadt nach Cranzahl, wo es auf dem Viadukt einen winterlichen Fotohalt gibt
Rainer Heinrich

- im Bahnbetriebswerk Saalfeld die Baureihe 01.5
- im Bw Meiningen die Baureihe 94
- im Bw Probstzella die Baureihe 95
- im Bw Gera die Baureihe 38 (pr. P 8)
- im Bw Zwickau die Baureihe 50
- im Bw Glauchau die Baureihen 58.30 und 74
- im Bw Karl-Marx-Stadt die Baureihe 38
- im Bw Aue die Baureihe 86
- im Bw Nossen die Baureihe 23.10 und
- im Bw Dresden die Baureihen 01, 03 und 62

Desweiteren bestimmten die Standorte der Interhotel-Kette, in denen die Fahrtteilnehmer ausschließlich untergebracht wurden, den Fahrtverlauf. Deshalb bildeten Leipzig, Gera, Karl-Marx-Stadt und Dresden die Eckpunkte des Fahrtverlaufes. Der Service des Reisebüros ging sogar so weit, dass bei entfernter Hotellage vom Bahnhof ein Bustransfer eingerichtet war.

Alle Fahrten wurden in der Regel von zwei so genannten Fachberatern der Deutschen Reichsbahn begleitet. Diese standen nicht nur für Fragen der Reisenden zur Verfügung, als erfahrene Betriebseisenbahner organisierten und überwachten sie auch den Fahrtverlauf. Grundlage für jede einzelne Fahrt war ein genauer Fahrplan mit einer Vielzahl von Fotohalten und Scheinanfahrten, die nahezu keine Wünsche der angereisten Eisenbahnfans offen ließen. Wenn immer möglich, wurden auch zusätzliche Fotohalte und Zugkreuzungen eingebaut.

Die NSW-Sonderzüge waren Vorrangzüge und hatten dementsprechend bei den Dispatcherleitungen der Reichsbahnämter einen hohen Stellenwert. Bei Störungen des Zuglaufs oder schadhaften Lokomotiven wurden bei den Bahnbetriebswerken Ersatzlokomotiven bestellt.

Bei den meisten Garantiereisen begann die Fahrt in Leipzig. Alle Teilnehmer kamen direkt über die Grenzübergänge zur Bundesrepublik oder zu West-Berlin in die Messestadt, wo in den Mittagsstunden 03 1010 mit dem Zwickauer Traditionszug im Hauptbahnhof am Bahnsteig 10 bereit stand. Bei den meisten Fahrten ging es am Anreisetag über die Saalebahn nach Saalfeld. Diese „Dampf-Schnellfahrten" mit eindrucksvollen Fotohalten wie vor dem Dornburger Schloss begeisterten immer wieder. Nicht zuletzt galt Saalfeld damals noch als Dampflokhochburg und Magnet für Eisenbahnfreunde.

Bei der ersten Garantiefahrt ist auch der „sächsische Rollwagen" 38 205 dabei. Am 26. September 1982, dem zweiten Fahrttag, lässt er sich beim Fotohalt am Greizer Schlossbergtunnel bei schönstem Herbstwetter ablichten
Rainer Heinrich

Die Entwicklung des Angebots

Da verwundert es nicht, dass die offiziell erste Garantie-Reise im September 1982 ein voller Erfolg wurde. 150 zahlende Fahrgäste aus der Bundesrepublik, aus England, Amerika und Japan waren ein guter Einstand für das Reisebüro und ließen die Devisenkasse der DDR mächtig klingeln.

Doch sollte sich die Teilnehmerzahl der ersten Fahrt leider nicht wiederholen. Daran änderte auch ein wechselndes Fahrtprogramm mit neuen, interessanten Strecken und Lokomotiven sowie die Einbindung von Schmalspurbahnen nichts. Die Idee der Garantiereisen startete zu einem wirtschaftlich ungünstigen Zeitpunkt in der DDR-Geschichte. Aufgrund der verteuerten Öllieferungen setzte die Reichsbahn ab 1982 wieder Dampfloks im Plandienst ein – das war noch attraktiver als „Museumsfahrten" und dürfte der Hauptgrund gewesen sein, warum die Nachfrage nach den Garantiereisen sank. Viele Fahrt-

Eine der längsten Tagesfahrten führte am 2. August 1985 von Leipzig über Großbothen auf der Muldentalbahn nach Glauchau und zurück. Die ganzen 190 Kilometer über blieb 23 1113 am Zug, hier im Bahnhof Colditz Rainer Heinrich

Kraftvoll verlässt die Zwickauer Traditionslok 50 849 am 17. April 1983 mit ihrem Sonderzug den Bahnhof Adorf/Vogtland. Sie bespannt die Garnitur von Weischlitz bis Zwickau Rainer Heinrich

teilnehmer kannten ja nun die Eisenbahnstrecken, ihre Fotostandpunkte und reisten über Verwandtenbesuche mit privaten Pkw in die DDR ein, um dem Dampflokhobby nachzugehen. Das war zum einen preiswerter, zum anderen konnte man auf privater Ebene auch Eisenbahnstrecken im Harz, in der Lausitz oder im Erzgebirge besuchen, also solche, die nicht im Fahrtprogramm des Reisebüros enthalten waren.

Als die Bundesbahn Mitte der 80er-Jahre im Vorfeld der Jubiläumsfeiern „150 Jahre deutsche Eisenbahnen“ Dampflokomotiven für Sonderfahrten im Raum Nürnberg in Betrieb nahm, erwuchs den Dampflok-Angeboten des DDR-Reisebüros abermals Konkurrenz.

Dennoch bestätigten die zwei Mal im Jahr durchgeführten Garantiereisen die Richtigkeit dieser Maßnahme. Unbürokratisch und sicher vor dem langen Arm der verhassten Transportpolizei, konnte bei diesen Fahrten jeder ausländische Eisenbahnfreund am organisierten Betriebsgeschehen der Deutschen

alfeld (Saale)
94 1292

Reichsbahn teilhaben. Im Programm enthalten waren schon damals auch Stadtrundfahrten in Dresden, Meißen und nach Moritzburg, wo die Fahrtteilnehmer nicht nur Land und Leute kennen lernten, sondern auch touristische Attraktionen und Baudenkmäler. So fanden sich trotz allgemein rückläufiger Zahlen doch etliche Stammgäste ein.

Nach sieben erlebnisreichen Fahrten wurde das Garantie-Fahrtprogramm des Reisebüros der DDR im August 1985 eingestellt. Die letzten Sonderzüge verkehrten vom 2. bis 4. August 1985 über Eisenbahnstrecken in Sachsen und der Lausitz. Neue Formen des Fahrzeugeinsatzes zur Devisenbeschaffung wurden entwickelt. Eine Zeit lang waren Fotobegleitfahrten mit Omnibussen zu mit Plandampf befahrenen Strecken kreuz und quer durchs Reichsbahnland der große Renner.

Wirtschaftsfaktor Dampflok

Die Devisenbeschaffung mit historischen Eisenbahnfahrzeugen war ein wichtiger Wirtschaftsfaktor in der ehemaligen DDR. Sie wirkte sich sogar positiv auf den Bestand aus, denn vor diesem Hintergrund wurden Anfang der 80er-Jahre eine Vielzahl von Dampflokomotiven aus dem Bestand des Verkehrsmuseums Dresden und so genannte Traditionsloks aus Bahnbetriebswerken der Deutschen Reichsbahn dem Raw Meiningen zur betriebsfähigen Aufarbeitung zugeführt. Zu ihnen zählten beispielsweise 23 1113, 41 1273, 50 849, 58 3047 oder 95 1027. Auch duldete man auf dieser Basis den Alleingang des einen oder anderen Dienststellenleiters, die eine oder andere Dampflok wieder einer Hauptuntersuchung zuzuführen. Und die Wagen des Zwickauer Traditions-Eilzugs erhielten im Raw Delitzsch in den 80er-Jahren eine komplette Aufarbeitung und wurden noch durch einen Speisewagen ergänzt.

Allerdings gab es neben den Fahrtangeboten noch eine andere, für den Reichsbahn-Bestand und die Eisenbahnfreunde in der DDR weniger erfreuliche Idee der Devisenbeschaffung. Seit Mitte der 70er-Jahre wurden auch Dampfloks für harte D-Mark in den Westen verkauft. Auf diese Weise gab die Reichsbahn 01 118, 18 314 und diverse weitere Maschinen ab. Der Verlust sorgte im Land nicht selten für Enttäuschung und Ärger. Erst nach der Grenzöffnung sollten ostdeutsche Eisenbahnfreunde die Lokomotiven wieder sehen können.

Rainer Heinrich/GM

Am 25. September 1982 hat 94 1292 in Saalfeld den Zug der ersten Garantiefahrt übernommen. Sie wird ihn über Lobenstein nach Gera bringen
Rainer Heinrich

Auch für Sonderzüge aus dem Westen setzte die DR Dampflokomotiven ein; im November 1987 bringt 02 0201 den „Orient-Express" nach Dresden, wo die Reisenden einem Konzert in der Semper-Oper lauschen werden
Rainer Heinrich

REICHSBAHN-BETRIEB 1971–1989

Überall unterwegs

Für viele Eisenbahnfreunde hat die Dampflok den Reichsbahn-Betrieb so geprägt wie der Trabant den DDR-Straßenverkehr. Das Geschehen auf der Schiene war aber auch sonst spannend

Der Bahnhof Güsten ist ein wichtiger regionaler Knotenpunkt: Hier treffen sich die Strecken aus Magdeburg, Köthen, Halberstadt und Sangerhausen. Am 1. Mai 1988 ist 41 1231 mit einem Personenzug in den Bahnhof gekommen und ergänzt ihre Wasservorräte; zum Tag der Arbeit präsentiert sich der Bahnhof mit sozialistischem Fahnenschmuck
Bodo Schulz

DR

Im August 1980 hat 218 019 den Güterexpress-Zug Erfurt Hbf – Halle (S.) – Berlin Ostbf/Postbf nach Jüterbog gebracht. Hier heißt es abspannen; noch geht es nach Berlin ohne Fahrdraht weiter ... Ralph Lüderitz

Zeitreise auf der Strecke Halle (Saale) – Halberstadt: Im Januar 1975 rauscht eine noch ziemlich neue Diesellok 132 durch den Bahnhof Teicha und passiert dabei das schon ziemlich alte Stationsschild Gert Schütze

oben: Auf den Straßen von Suhl tackern und brummen im Februar 1977 Trabant, Dacia, Moskwitsch und IFA-Laster, als sich ein neuer Ton dazu mischt: Kräftig stampft die Dampflok hinten mit ihrem Zug los und gewinnt aus dem Bahnhof heraus an Fahrt. Welch ein Klangbild – wobei es diesmal nicht so alltäglich ist. Bei der Dampflok handelt es sich um die Stralsunder 03 0080, die nach einem Aufenthalt im Raw Meiningen ihre Abnahmefahrt absolviert R. Heym/Slg. Schütze

links: Auch das ist Nahverkehr bei der DR: Eine Kleinlok 102 und ein Triebwagen-Beiwagen stehen im Mai 1972 in Arendsee als P 3634 nach Stendal über Klein Rossau bereit Ralph Lüderitz

rechts: Der Ostbahnhof (ab 1987: Hauptbahnhof) von Berlin liegt zwar nicht zentral, zum Umsteigen in der Hauptstadt der DDR ist er aber wichtig. Und als S-Bahn-Zwischenhalt sowieso (Bild von 1984) Volker Emersleben

Berufsbilder

Rund 250.000 Beschäftigte zählt die Reichsbahn Ende 1989: Lokführer, Zug- und Bahnhofspersonale, Rangierer und viele mehr, die der Reisende bei seiner Fahrt nicht unbedingt sieht. So vielfältig wie die Berufe sind die Tätigkeiten; sie reichen bisweilen auch über den Bahnbetrieb hinaus.

rechts: Einer der neuesten Stellwerks-Arbeitsplätze der DR – das Stellwerk des Fährhafens Mukran (Sept. 1988)
Carl-Ernst Zimmer/Historische Slg. der DB

ganz rechts: Traditionellen Dampfbetrieb zeigt im Dezember 1982 der Dienstalltag auf der Strecke Schlettau – Crottendorf. Oder besser: fast traditionell – in Crottendorf bekommt die 86er das Wasser aus dem Hydranten
Dirk Höllerhage

ganz links: Streckenläufer kümmern sich im Juli 1980 bei Rauenstein (Strecke Eisfeld – Sonneberg) um das Gleis. Ende des Jahrzehnts verfügt die Reichsbahn über rund 14.000 Kilometer Strecke; umgerechnet auf jeden Kilometer beschäftigt sie 18 Mitarbeiter – doppelt so viel wie zur gleichen Zeit die Bundesbahn
Dirk Höllerhage

links: Freiwillig haben sich im Herbst 1978 diese Damen zu einem Einsatz im Bahnbetriebswerk gemeldet. Mit vereinten Kräften bringen sie Diesellok 118 026 nun auf Hochglanz. Vor allem die Lokfront braucht die Pflege von Hand – die Waschanlage hilft hier nicht weiter
Ingeborg Stephan/Historische Slg. der DB

rechts: Nein, hier geht es nicht um Fahrzeuge der Reichsbahn. Das Ausbesserungswerk „Roman Chwalek" in Berlin-Schöneweide ist im Februar 1985 in die Konsumgüterproduktion der DDR eingebunden. Heißt in dem Fall: Eisenbahner bauen Puppenhäuser ...
Stelzer/Historische Slg. der DB

Zeittafel

1. September 1945
Aufgrund eines sowjetischen Befehls vom 11. August 1945 wird der Eisenbahnbetrieb in der sowjetischen Besatzungszone „den deutschen Eisenbahnern übergeben". Aus dem Verzicht der Besatzungsmacht auf vollständige Lenkung des Eisenbahnbetriebes wird später der Gründungsmythos einer „Übergabe der Eisenbahnen in Volkes Hand" entwickelt.

1945–48
Sowjetische Demontagen zehren an der Substanz der Reichsbahn. Besonders einschneidend sind die Demontage der zweiten Gleise der meisten Hauptstrecken, der Abbau ganzer Strecken vor allem im Norden und der am 29. März 1946 befohlene Abbau aller Anlagen des Wechselstrombetriebes zwischen Probstzella und Magdeburg. Hunderte von Reichsbahnloks mit Personal sind jahrelang für den sowjetischen „Kolonnenverkehr" beansprucht.

Juni 1948 bis Mai 1949
Während der Blockade Berlins entfällt jeder Eisenbahnverkehr zwischen den Westzonen und den Westsektoren Berlins. Es bleibt aber bei der Betriebsführung der Sowjetzonen-Reichsbahn einschließlich der S-Bahn in ganz Berlin. Nach dem Ende der Blockade kommt es zu Auseinandersetzungen mit mehreren Todesopfern um die DM-Entlohnung der West-Berliner Reichsbahner.

2./3. Juni 1949
Lokführer Paul Heine fährt den ersten Schwerlastzug Leipzig – Rostock. Mit solchen Höchstleistungen nach sowjetischem Vorbild soll die Kapazität der eingleisigen Strecken besser genutzt werden. Greifbare Vorteile bleiben aber auf lange Sicht aus.

7. Oktober 1949
Aus der sowjetischen Besatzungszone wird die Deutsche Demokratische Republik gebildet. Unter Verstoß gegen den Vier-Mächte-Status von ganz Berlin wird dessen sowjetischer Sektor zunehmend der Staatsgewalt der DDR unterworfen. Wilhelm Pieck wird Staatspräsident, Otto Grotewohl Ministerpräsident. Starker Mann des neuen Staates ist aber der stellvertretende Vorsitzende des Ministerrats und – wesentlich wichtiger – Erste Sekretär der Staatspartei SED, Walter Ulbricht.

1. November 1950
Beginn der Bauarbeiten am Berliner Außenring, mit dem Zugfahrten durch die Westsektoren Berlins vermieden werden sollen.

21. Dezember 1950
Eröffnung einer Schnelltriebwagenverbindung Berlin – Prag. Weitere internationale Verbindungen folgen später, unter anderem nach Österreich und Skandinavien.

10. Juni 1951
Erstmals veranstaltet die DR den „Tag des deutschen Eisenbahners". Er wird fortan stets am zweiten Sonntag im Juni begangen.

9. Januar 1952
Präsentation des ersten Doppelstockzuges des VEB Waggonbau Görlitz

ab 26. Mai 1952
Zur Bekämpfung der Fluchtbewegung wird ein strenges militärisches Sperrsystem für die innerdeutsche Grenze verordnet. Reste kleinen Grenzverkehrs auf der Schiene werden eingestellt, ebenso viele Nebenbahnen in Grenznähe.

2. Juni 1952
Die DR beendet den Reisezugverkehr zwischen West-Berlin und der DDR. Unbeeinträchtigt bleibt der Berliner S-Bahn-Verkehr.

1952–54
Im und nach dem Krieg nicht weiter unterhaltene Lokomotiven erhalten eine Hauptinstandsetzung L4EI.

August 1952
Mit der Lieferung der 99 771–794 (Spurweite 750 mm) beginnt der Neubau von Dampflokomotiven für die DR. 1954 folgen 99 231–247 (Spurweite 1.000 mm) und die Baumuster 25 001 und 1001 für eine normalspurige 1'D-Universallok. Erste normalspurige Serienneubaudampflok wird die 65.10.

17. Juni 1953
Nach der Niederschlagung des Volksaufstandes gegen das SED-Regime wird für einige Tage der S-Bahn-Verkehr in die Westsektoren eingestellt. Fortan bereiten diskrete Baumaßnahmen die Sperrung auf Dauer vor.

1953–58, 1956–60
Weitere mit umfangreichen Hauptinstandsetzungen „wartende" Lokomotiven erhalten eine Generalreparatur L4GR.

26. Juni 1954
Nach zwischenzeitlicher Separierung in ein Ministerium für Eisenbahnwesen wird die DR wieder dem Ministerium für Verkehrswesen unterstellt. Minister wird (bis 1970) Erwin Kramer.

1. September 1955
Mit der Eröffnung des Abschnitts Halle – Köthen beginnt die Reaktivierung des mitteldeutschen Wechselstrombetriebes. Die ersten Lokomotiven sind aus der Sowjetunion zurückgegebene und grundlegend reparierte E 44.

30. September 1956
Fertigstellung des Berliner Außenrings.

4. März 1957
Das Reichsbahnausbesserungswerk (Raw) Halberstadt liefert den ersten Reko-Personenwagen aus. Auf den Fahrgestellen zwei- und dreiachsiger Länderbahnwagen entstehen 5.000 solcher Wagen.

12. November 1957
Fertigstellung der ersten Rekodampflok 50 3501 (ex 50 380) im Raw Stendal. Das Rekonstruktionsprogramm läuft bis 1967.

6. Juli 1959
Die DR nimmt mit der „Saßnitz" das erste Motorfährschiff in Betrieb. Es verkehrt zwischen Saßnitz und Trelleborg.

9. März 1960
Probefahrt der ersten in der DDR gebauten Großdiesellok V 180 001. Sie wird nicht von der Reichsbahn übernommen.

2. Oktober 1960
Beginn des Städteschnellverkehrs. Beschleunigte Züge verbinden Ost-Berlin mit den Bezirkshauptstädten Dresden, Karl-Marx-Stadt, Erfurt, Leipzig, Magdeburg und Rostock.

4. Januar 1961
Die DR erhält vom VEB Lokomotivbau Elektrotechnische Werke „Hans Beimler" Hennigsdorf

die ersten Neubau-Elloks E 11 001 und 002. Gleichzeitig wird 50 4088 als letzte Neubaudampflok von der DR abgenommen.

13. August 1961
Mit dem Bau der Mauer in Berlin wird West-Berlin isoliert. Für den Ost-West-Fernverkehr bleiben nur die Übergänge Griebnitzsee und Berlin-Friedrichstraße offen, die S-Bahn-Netze sind nur noch in Berlin-Friedrichstraße verknüpft. Die Verknüpfung der Wohngebiete im Berliner Umland mit Ost-Berlin erfordert erhebliche Ausbaumaßnahmen am Berliner Außenring.

2. Oktober 1961
Inbetriebnahme des ersten elektrifizierten Abschnitts des „Sächsischen Dreiecks".

6. Dezember 1962
Das Raw Halberstadt beginnt mit der Modernisierung vierachsiger Reisezugwagen.

10. Dezember 1965
Vollendung der Elektrifizierung der Rübelandbahn Blankenburg (Harz) – Königshütte als Inselbetrieb mit 25 kV/50 Hz.

23. Juli 1966
Abschluss des Vertrages über den Import sowjetischer Dieselloks vom Typ M 62. Sie werden bei der DR als V 200 eingereiht und als „Taigatrommeln" bekannt.

1966
Insgesamt 551 Lokomotiven werden mit dem Giesl-Ejektor nach österreichischem Patent ausgerüstet; den Flachschornstein erhalten Maschinen der Baureihen 38, 50, 52 und 65.10 sowie Lok 01 504. Der Giesl-Ejektor verbessert den Saugzug, überansprucht jedoch die alten Kessel und verführt zur Überlastung der alten Triebwerke.

6. Juli 1967
In Langenweddingen auf der Strecke Magdeburg – Thale stößt ein dampflokbespannter Doppelstockzug mit einem Tank-Lkw zusammen, der wegen nicht geschlossener Schranken auf die Gleise gefahren ist. 94 Menschen sterben beim schwersten Eisenbahnunglück in der Geschichte der DR.

20. September 1967
Die nach dem Streckenabbau der Nachkriegszeit wieder aufgebaute und teilweise großzügig neutrassierte Hafenabfuhrstrecke Berlin – Rostock ist vollständig in Betrieb. Streckenbauten der DR dienen ansonsten der Anpassung an den Braunkohlenabbau insbesondere in der Niederlausitz sowie der Abschottung an den Grenzen.

29. Juni 1968
Fahrt des ersten Containerzuges der DR von Dresden-Neustadt nach Rostock Überseehafen.

21. August 1968
Der sowjetische Einmarsch in die Tschechoslowakei auch von der DDR aus bewirkt erhebliche Störungen im Bahnbetrieb und im internationalen Verkehr.

12. Juli 1969
Eröffnung der Leipziger S-Bahn mit Ellok-bespannten Wendezügen.

1. Juni 1970
Inkrafttreten eines neuen Nummernsystems für Triebfahrzeuge.

12. Juli 1970
Inbetriebnahme des ersten Teilstücks der S-Bahn in Rostock.

20. Juli 1970
Übergabe der ersten sowjetischen Diesellok der größeren Baureihe V 300.

3. Mai 1971
Mit seinem von der Gruppe um Erich Honecker erzwungenen Rücktritt endet die Ära Ulbricht. Erich Honecker wird vom Zentralkomitee der Sozialistischen Einheitspartei Deutschlands (SED) als Nachfolger von Walter Ulbricht zum Ersten Sekretär gewählt.

1. Juli 1971
Das Dispatcherwesen erhält auf der Ebene des Ministeriums für Verkehrswesen ein neues Spitzengremium, den „Hauptstab für die operative Betriebsleitung der Deutschen Reichsbahn".

16. bis 20. August 1971
Der Modellbahnverband Europa MOROP ist mit seinem Kongress in Dresden zu Gast. Die DR präsentiert zu dem Anlass eine Fahrzeugschau mit zahlreichen Dampfloks. Die meisten davon bleiben später als „Traditionsloks" erhalten.

14. September 1971
Die Ostseeflotte der DR wird durch das Schiff „Stubenkammer" mit einer Gleislänge von 327 Metern vergrößert.

1. Oktober 1971
Ein neues Signalbuch tritt in Kraft und ersetzt die Fassung von 1958.

Walter Ulbricht (2.v.r.) mit Verkehrsminister und Reichsbahn-Generaldirektor Erwin Kramer
Slg. E. Preuß

1./15. Januar 1972
Beginn des pass- und visumfreien Reiseverkehrs zwischen der DDR und Polen (1. Januar) bzw. der DDR und der ČSSR (15. Januar). Zusätzliche Zugverbindungen zu den Nachbarländern folgen alsbald.

1. Mai 1972
Der „Tourex" nach Varna an der bulgarischen Schwarzmeerküste wird um zwei Autotransportwagen ergänzt; die Ära der Autoreisezüge hat nun auch für die DDR begonnen.

9. September 1972
Die Dampflok 37 1009, vormals 24 009, der DR verlässt die DDR über Oebisfelde in Richtung Bundesgebiet. Zur Devisenbeschaffung wird noch so manches Triebfahrzeug in den Westen verkauft.

15. September 1972
Feierliche Indienststellung der neuen Fähre „Rügen" für die Verbindung Saßnitz – Trelleborg.

7. Oktober 1972
Der Verkehrsvertrag zwischen den beiden deutschen Staaten tritt in Kraft. Er schafft verlässliche Regelungen für Lokwechsel, Betreuung der Personale der jeweiligen Nachbarverwaltung usw.

2. Juni 1973
Ende des grenzüberschreitenden Dampfbetriebes im Berlin- und Interzonenverkehr.

28. Juli bis 5. August 1973
Die „X. Weltfestspiele der Jugend und Studenten" in Berlin machen 449 Voll- und 544 Leerzüge erforderlich.

17. September 1973
Eine Dienstberatung des Ministers befasst sich mit der Zukunft der Schmalspurbahnen in einer Gesamtlänge von 209,3 Kilometern. Ein Teil davon soll aus verkehrswirtschaftlichen Gründen und als Touristenattraktion erhalten bleiben.

5. Oktober 1973
Das erste Baumuster eines Triebzuges 280 für den Wechselstrom-S-Bahn-Verkehr von Leipzig, Halle, Magdeburg und Dresden wird vorgestellt. Zur Serienfertigung kommt es nicht.

Reichsbahn-Uniformen anno 1974 – fotografiert mit zwei „Modellen" im Januar des Jahres
Wolfgang Hein/Historische Slg. der DB

1. Januar 1974
Das Fotografieren von Eisenbahnfahrzeugen und -anlagen ist von öffentlich zugänglicher Stelle fortan erlaubt. Unkenntnis hiervon und Schikanen von Staatsorganen verschaffen den Eisenbahnfreunden aber weiterhin viel Ärger.

9. Januar 1974
Ablieferung des ersten von 50 Wagen mit Speiseabteil und Büffetraum mit der für Reko-Wagen genormten Länge von nur 18,7 Metern.

10. August 1974
Die sächsische Schmalspurbahn Radebeul Ost – Radeburg wird fortan außer im Regelverkehr auch als „Traditionsbahn" mit historisierend adaptierten Fahrzeugen betrieben.

23. August 1974
Indienststellung des ersten Baumusters der sechsachsigen Ellok 250.

27. August 1974
Das Politbüro genehmigt den Kauf von 5.000 Güterwagen in Frankreich. Die Übernahme gebrauchter Güterwagen von vielen Verwaltungen, auch von der DB, wird künftig immer mehr ausgeweitet.

3. Februar 1976
Das SED-Politbüro stellt ein großzügiges Programm zur Entwicklung der „Hauptstadt" bis 1990 vor. Der Bahnhof Berlin-Lichtenberg soll ausgebaut werden, der Ostbahnhof zum Hauptbahnhof aufgewertet werden. Dies wird auch umgesetzt; die Ertüchtigung des östlichen Berliner Außenrings zur S-Bahn unterbleibt dagegen.

18.–22. Mai 1976
Der IX. Parteitag der SED stellt die Aufgaben, bis 1980 mindestens 800 Kilometer zweite Gleise neu zu bauen, der Anteil der modernen Traktion auf 92-95 % zu steigern und mit der Elektrifizierung der Strecken von Bitterfeld und Dresden nach Berlin zu beginnen. Das Ziel wird nicht erreicht.

26. September 1976
Zur Erleichterung des Transitverkehrs von der Bundesrepublik nach Berlin wird die Strecke Wustermark (DDR) – Spandau (Berlin) wieder in Betrieb genommen.

25. Oktober/ 1./8./15./22. November/ 6. Dezember 1976
Im Abstand von wenigen Tagen wird der Verkehr mit „Städteexpress"-Zügen aufgenommen; sie verbinden die Bezirksstädte mit Berlin.

16. November 1976
Ein Beschluss des Politbüros leitet fast auf den Tag genau zehn Jahre nach dem Verdieselungsbeschluss von 1966 offiziell die Wende zur Elektrifizierung der Hauptstrecken ein.

30. Dezember 1976
Eröffnung der S-Bahn-Strecke Friedrichsfelde Ost – Marzahn zur Erschließung des größten neuen Wohnquartiers der DDR.

7. März 1977
Die Fertigstellung einer 26,4 Meter langen Schiebebühne im Raw Halberstadt ermöglicht den Abschied von Wagenbauarten der Länge 18,7 Meter.

27. Juli 1977
Ein von der Dampflok 03 0078 geführter Saisonschnellzug Zittau – Stralsund wird in Booßen durch falsche Weichenstellung nachts auf eine Nebenbahn geleitet. Das Personal bemerkt die Fahrt auf der falschen Strecke nicht. Nach sieben Kilometern kommt es zum Frontalzusammenstoß mit einem dieselbespannten Güterzug. Es gibt 29 Tote, darunter das Personal der Dampflok.

27. November 1977
Aufgrund grober Fahrlässigkeit des Personals zerknallt der Kessel von Dampflok 01 1516 in Bitterfeld; außer Lokführer und Heizer werden fünf Reisende getötet. Die Lok war mit D 567 Berlin – Leipzig unterwegs.

8. November 1978
Tod von Max Baumberg, Leiter der Versuchs- und Entwicklungsstelle der Maschinenwirtschaft in Halle (Saale).

28. Dezember 1978
Schneefälle, Sturm und Kälteeinbruch legen den Verkehr im Norden der DDR weitgehend lahm. Eisenbahner, Soldaten und Arbeitskräfte aus der Wirtschaft müssen festgefahrene Züge in Einschnitten aus meterhohen, hart gefrorenen Schneemassen befreien. Die Energiewirtschaft der DDR erlebt eine ihrer schwersten Krisen, weil auch viele Braunkohlentagebaue eingefroren sind. Am 14. Februar 1979 kommt es erneut zu einem Wintereinbruch.

1. April 1979
Beginn der Modernisierung der 35 bis 50 Jahre alten Berliner S-Bahn-Züge.

17. Mai 1979
Unter dem Vorzeichen einer Ölpreiskrise vereinbaren die Staatschefs Steinkohlelieferungen aus Polen in die DDR.

27. Juni 1979
Das Bw Senftenberg beendet nach 30 Jahren den Einsatz von Dampflokomotiven mit Braunkohlenstaubfeuerung.

10. November 1979
Tod des ehemaligen Verkehrsministers und Generaldirektors der DR, Erwin Kramer.

31. Mai 1980
Der planmäßige Schnellzugdienst der ölgefeuerten 03.00 zwischen Stralsund und Berlin geht zu Ende. Damit ist die Epoche der Dampflok im hochwertigen Reiseverkehr zunächst abgeschlossen.

9. September 1980
Beginn der Alltagserprobung des neuen Berliner S-Bahn-Triebzuges 270.

18. bis 24. September 1980
Nachdem die DR einen großen Teil der Arbeitsverhältnisse ihrer für die S-Bahn in Berlin (West) zuständigen Bediensteten gekündigt hat, streikt das dortige Personal.

6. Oktober 1980
Der S-Bahn-Verkehr in West-Berlin wird radikal eingeschränkt und dient nur noch der Bedienung des Grenzübergangs Friedrichstraße.

11. Juni 1981
Eine Gleisverwerfung infolge mangelhafter Verlegung und Instandhaltung lässt in Erfurt D 1453 Düsseldorf – Karl-Marx-Stadt entgleisen. 14 Reisende werden getötet, 102 verletzt.

13. bis 20. März 1982
Auf der Leipziger Frühjahrsmesse wird der Ellok-Prototyp 212 001 vorgestellt.

24. September 1983
Der elektrische Betrieb aus den Richtungen Leipzig und Dresden wird nach Berlin-Grünau und damit bis ins Gebiet der „Hauptstadt" eröffnet.

8. Januar 1984
Der Berliner Senat bzw. die West-Berliner BVG übernehmen Betriebsführung und Fahrzeugpark der S-Bahn in den Westsektoren.

23. April 1983, 29. Februar 1984, 11. Oktober 1985
Die Serie schwerer Unglücke, verursacht durch Fahrlässigkeit und begünstigt durch Überforderung und schlechten Zustand des Systems, nimmt kein Ende. Die Daten stehen für Unfälle mit sieben Toten und zehn Verletzten bei Neuwiederitzsch, mit elf Toten und 46 Verletzten bei Hohenthurm und einen Frontalzusammenstoß bei Eilsleben mit 13 Toten und 29 Verletzten.

2. Oktober 1986
Der Fährverkehr zwischen Mukran auf der Insel Rügen und Klaipeda (früher Memel) in der Litauischen Sowjetrepublik beginnt.

30. April 1987
Die „Aktion Netzstabilisierung" sieht vor, fortan jährlich auf 500 bis 600 Kilometer Gleislänge die alkaligeschädigten Betonschwellen auszuwechseln.

29. Mai 1987
Fernzüge können den Berliner Ostbahnhof mit Ellok von der Ostseite her erreichen bzw. elektrisch dorthin abfahren.

5. – 10. September 1987
MOROP-Kongress in Erfurt statt und damit zum dritten Mal in der DDR. Zu dem Treffen zeigt die DR unter anderem eine Fahrzeugschau in Erfurt West und setzt Sonderzüge für die Teilnehmer durch Thüringen ein. Aus der DMV/DDR-Delegation wird Gottfried Thiele als MOROP-Präsident gewählt.

15. Dezember 1987
Im Zusammenhang mit Feiern zur ersten urkundlichen Erwähnung Berlins vor 750 Jahren wird der Ostbahnhof in Hauptbahnhof umbenannt.

19. Januar 1988
Bei Forst Zinna fährt ein sowjetischer Panzer auf die Hauptstrecke Bitterfeld – Berlin. Der D 716 Leipzig – Stralsund prallt auf das 36 Tonnen schwere Fahrzeug. Sechs Todesopfer sind zu beklagen, darunter die beiden Lokführer der Ellok 211 006.

28. Mai 1988
Der Bahnhof Oderbrücke wird System-wechselbahnhof zwischen dem DR-Wechselstromnetz und dem Netz der Polnischen Staatsbahn (PKP) mit 3-kV-Gleichstrom.

29. Oktober 1988
Offizielles Ende des regulären Dampfbetriebes beim Bw Halberstadt und damit auf Normalspur in Deutschland.

3. Oktober 1989
Züge mit Botschaftsflüchtlingen fahren auf Betreiben Honeckers über DDR-Gebiet von Prag nach Bayern. Der gewaltsame Versuch, fluchtwillige Bewohner Dresdens am Zustieg zu hindern, führt in den folgenden Tagen zu schweren Unruhen und zu Beschädigungen am Dresdner Hauptbahnhof.

18. Oktober 1989
Erich Honecker tritt unter dem Druck der in Panik geratenen Mehrheit des Politbüros von allen Partei- und Staatsämtern zurück.

31. Dezember 1993
Die Geschichte der Deutschen Reichsbahn als eigenständigeso Bahnunternehmen endet. Am nächsten Tag wird sie mit der Deutschen Bundesbahn vereinigt und es entsteht die Deutsche Bahn AG.

Andreas Knipping/Dieter Schmitt/GM

Die neue Direktverbindung zwischen den Bezirksstädten und Berlin ist der „Städteexpress", erkennbar an den orange-weißen Wagen (Ex 146 „Börde" in Magdeburg Hbf, 1982)
Ralph Lüderitz

Ebenfalls erhältlich ...

ISBN 978-3-86245-420-4

Wenn die Zechen in Bottrop und Ibbenbüren schließen, endet ein großes Kapitel der Bahngeschichte. Den Triebfedern der Industrialisierung auf der Spur.

ISBN 978-3-95613-061-8

Eine Geschichte über die Eisenbahn der DDR – und das dortige Leben – in großformatigen und kunstvollen Schwarz-Weiß-Fotografien.

GeraMond

www.geramond.de